国家自然科学基金资助项目：寒冷地区住宅模块化动态空腔气候界面设计研究（编号 51578326）

非常绿建系列丛书

# 非常绿建
# ——动态建筑

# *Green Building*
# *——Dynamic Architecture*

丛书主编　赵继龙
著　　者　张军杰

江苏凤凰科学技术出版社

## 图书在版编目（CIP）数据

非常绿建．动态建筑 / 张军杰著．-- 南京 ：江苏凤凰科学技术出版社，2017.7

（非常绿建系列丛书 / 赵继龙主编）

ISBN 978-7-5537-8402-1

Ⅰ．①非… Ⅱ．①张… Ⅲ．①建筑设计－作品集－世界－现代 Ⅳ．① TU206

中国版本图书馆 CIP 数据核字 (2017) 第 132160 号

非常绿建系列丛书

**非常绿建——动态建筑**

| | |
|---|---|
| 丛书主编 | 赵继龙 |
| 著　　者 | 张军杰 |
| 项目策划 | 凤凰空间 / 杨　琦 |
| 责任编辑 | 刘屹立　赵　研 |
| 特约编辑 | 杨　琦 |
| 出版发行 | 江苏凤凰科学技术出版社 |
| 出版社地址 | 南京市湖南路1号A楼　邮编：210009 |
| 出版社网址 | http://www.pspress.cn |
| 总 经 销 | 天津凤凰空间文化传媒有限公司 |
| 总经销网址 | http：//www.ifengspace.cn |
| 印　　刷 | 北京博海升彩色印刷有限公司 |
| 开　　本 | 710mm×1000mm　1/16 |
| 印　　张 | 11.5 |
| 字　　数 | 100 000 |
| 版　　次 | 2017年7月第1版 |
| 印　　次 | 2023年3月第2次印刷 |
| 标准书号 | ISBN 978-7-5537-8402-1 |
| 定　　价 | 69.00元 |

图书如有印装质量问题，可随时向销售部调换（电话：022-87893668）。

# 序

主流绿色建筑往往是从节能建筑发展而来的。节能的重要性体现在两个方面：其一，能源是人类不断提高生产、生活水平和发展经济的重要依靠；其二，消耗化石能源是环境污染和全球气候变暖的重要诱因。但是，在科学家确定的地球面临危机的九大生态边界中，并无能源危机的席位，节能显然是人类的特有话题和特殊需要，自然生态系统并不存在能源危机。这启示我们，真正解决地球可持续发展，需要从唯节能论的单一主张，真正走向生态论的综合视域，更开阔地理解和对待绿色建筑。

从生态可持续角度去理解绿色建筑，能够全面满足绿色生态各方面要求的当然最好，侧重于解决水资源再生利用、生物多样性保护、土地和空间高效利用、建材循环使用等某方面的建筑，也并不比单纯侧重于节能的建筑更低一等，它们应该得到同样的评价，引起同样的关注。任何一个侧面的努力和进步，都可以为我们最终趋近生态可持续的理想目标积累经验，创造价值。从这个角度看去，绿色建筑的数量不是少了，而是相当大量且多元，只不过以绿色建筑评价标准来看，这些建筑可能都不够“标准”。但标准是操作层面的机械约束，是一种带有时效性的推广策略，不能作为学术层面的价值评判依据。在绿色建筑评价标准的地位越来越高、越来越普及的时候，我们更应该把眼光投向那些丰富多彩的别样绿色建筑，避免其被遮蔽，使我们失去有价值的思想和技术财富。

如果把学界倡导和政府主推的被动式建筑和评价标准导向出来的绿色建筑称为主流，那么那些主流绿建之外、采用特殊手段，或因本身的特殊功能要求而必须达到生态环保目的的建筑，就可以称为非主流绿建。它们要么包含着对人居环境可持续发展全局的前沿思考和方法探索，要么包含着对主流的反思与批判，抑或着力于用极致的建筑设计手段解决绿建某一方面的问题，有的还在探索在特殊的环境和功能前提下采用非常规的理念和手段来解决生态问题，更有用朴素的本土民间智慧解决生产生活中的生态问题的尝试，还包括通过跨界嫁接来实现对自然和环境的最大尊重。但不管哪一类都反映出建筑学意义上的本质思考。

这些建筑量大面广，但往往被社会和学术界忽视，很少出现在讨论话语中。编著者也尽量回避那些已经被大量报道、时常出现在媒体上的案例，而是刻意搜集那些不为人熟知和关注的高品质作品，作为主流之外的一种补充，或许这样可以让这套丛书更具阅读价值。

主流和非主流合在一起，就有可能提供一个当今国际绿色建筑发展的全景视域。希望这套丛书能够传达给读者一个信息，绿色建筑不仅仅是严格的技术性标准限制出来的枯燥世界，它很精彩！

2017年4月

# 目录

# CONTENTS

第一章　动态建筑综述　　6

第二章　可移动建筑　　20

第三章　可变动建筑　　42

第四章　交互式动态建筑　　146

第五章　其他类型动态建筑　　164

参考文献　　183

后记　　184

# Chapter 1

# 第一章　动态建筑综述

建筑在本质上是为抵御恶劣自然气候而建造的遮蔽所，从而具有明显的气候特征和巨大的地区差异。随着能源及环境问题的日益加重，塑造环保、节能且健康、舒适的室内环境成为建筑可持续发展的根本，也是大力发展绿色建筑的原因。

绿色建筑重点需要考虑的是环境、建筑和人之间的关系，其本质就是试图在三者间寻求一种平衡。为达到这种目标，所能采取的设计方法和策略也有很多种，但其中一种具有更好性能、使用更为经济并具有更多美学变化形式的做法，即动态设计的做法却没有得到充分重视。这种设计方法是把建筑看作类生命体概念，就像树木落叶、动物脱毛和人穿着衣物等应对自然变化的规律一样，要求建筑也应具有这样的性能：即能随时根据环境、气候和使用者需求的不同变化产生应对反应，以获得灵活、舒适、节能的效果。这种新的绿色建筑类型就是动态建筑。

## 1.1 不同概念

对于动态建筑业界有较多不同的说法，有人称之为动态建筑，有人称之为可移动建筑（或便携式建筑）、可适性建筑、气候适应性建筑、交互式建筑、智能建筑等。这些称呼既有一定的共同性，也有一定的区别。

动态建筑（Dynamic Architecture， Kinetic Architecture）是一种广义性称呼，是相对于传统静态建筑而言的，包括所有可移动、变化的建筑。例如 Houston Drum 对动态建筑的定义是建筑或建筑构件具有不同的机动性、位置变化或几何形状变化等特征。

可移动建筑（Mobile Architecture，Portable Architecture）范围相对较窄，主要指可以从一个地方移动到另外一个地方的建筑类型。

可适性建筑（Flexible Architecture）指经过设计后在整个使用周期中都能适应变化需求的建筑。这种适应变化需求的性能不仅包括功能、使用者方面，也包括气候方面的适应性。

气候适应性建筑（Climate Adaptive Building）拍能随时根据不断变化的性能要求和可变边界气候条件反复可逆地改变建筑的一些功能、特性或行为，目的是提高整体建筑的性能。

本书虽然采取宽泛的动态建筑称谓，但主要针对能充分利用气候及其他环境要素，以达到塑造节能健康目标的可变建筑而言。因此，本书所选案例不是单纯建筑形式上的可变化移动，而是选择以达到绿色可持续为目的的动态案例；另外案例选择也不是以应对功能灵活调整的内部空间可变为主，而主要是以与环境分界的建筑形体、构件或界面可移动为主。

## 1.2　主要类型及特点

动态建筑的分类方式多种多样，例如从运动方式上分为移动、折叠、滑动、扩展、转换、旋转类型等；从可动控制方式上分为人工控制（手动控制）和智能控制（系统包括输入、控制、输出三部分，分别对应传感器、计算机和建筑体系）。但从尺度变化类型上主要分为四类：可移动建筑、可变动建筑、交互式建筑和其他类型动态建筑。

### 1.2.1　可移动建筑

可移动建筑主要是通过应用工业化手段、材料和相关绿色技术，为满足其功能和使用需要，能在不同场地间进行迁移的建筑。

可移动建筑大致分为以下两种：整体式移动建筑和组件式移动建筑。整体式移动建筑是把建筑整体从一个地方完整移动到另外一个地方直接使用，不需组装或增加其他设备，甚至这种建筑自带移动功能。例如漂浮城市方案、西奥·蒂森的沙滩怪兽系列建筑（图 1–1），利用集装箱设计的住宅以及一些移动模块住宅设计等。这种做法的好处是建筑能直接使用，高效便捷，建筑质量有保证，但问题是如果建筑的体量较大，运输容易受到限制。组件式移动建筑是把建筑分解为不同的组件，

图 1-1　沙滩怪兽系列建筑

再运输到需要的地方组合安装后使用，例如英国充气设计公司设计的充气展馆（图 1–2）、大 M 展厅等。这种做法的好处是使用灵活，易于工业化生产、运输，可组成较大规模，同时建筑样式较多。而问题是安装较为复杂，建筑质量易受影响。

可移动建筑一般具有如下特点：轻质化、模块化和绿色化。轻质化指建筑一般采用轻质、高强的材料和结构，既能满足建筑结构、安全、围护需要，还能减轻建筑重量，方便运输。例如材料一般采用铝材、膜材、木材、塑料等，结构方面采用轻钢结构、膜结构、充气结构等；模块化指建筑由一种或多种模块组合而成。主要优点是把建筑转化为标准构件模块，简化生产，方便组合、运输，降低造价。模块化更能符合移动需求，使建筑更具灵活性，即使部分建筑规模较大，也能转化为小型模块组合。绿色化则指建筑通过应用可再生能源和其他绿色技术、材料等尽量达到自维持状态，以减少对环境的影响和依赖，并达到气候适应范围的广泛性。

图 1–2　充气展馆

### 1.2.2　可变动建筑

可变动建筑指通过建筑整体或部分结构（整体或部分建筑体块）和表皮构件（屋顶、遮阳、围护构件等）的位置、尺寸和形状变化来改变建筑的形态、空间或形式，从而实现建筑的开敞、闭合、展开或收缩，主要包括建筑形体变动和建筑表皮变动两种。主要目的是灵活应对不同气候、环境状况，充分利用有利气候因素、隔绝不利气候条件，并能根据不同功能和使用者需求自动或手动调整，达到室内更为舒适、健康节能的效果。

建筑整体或部分结构变动指虽然建筑不能移动到另外一地，但部分或整体建筑却能在建设场地内改变位置、大小或形态，从而塑造出丰富多变的建筑形象。例如大卫・费舍尔的动态塔（2010 年）和大卫・本・格伦伯格 的三维动态住宅项目（2012 年）（图 1–3）。

图 1–3　D ＊ Dynamic 三维动态住宅

而可变动建筑中的表皮可变建筑又是数量最多的类型。因为过去 100 年间，建筑表皮发生了巨大变化，从和结构统一的庞大厚重整体变为一系列层次组合，且每层次均有明确功能，并变得更加轻盈。但轻质化带来两个问题：一是蓄热能力降低，二是隔热能力降低。所以需要动态元素的加入来改善轻质表皮的性能。

这种表皮可变建筑从构造上既有独立的简单外置遮阳构件可变做法，又有和墙体复合为一体的多层次整体可变做法（例如双层幕墙）；在构件材料使用上更是多种多样，从常规的金属、玻璃、木质和塑料材质遮阳构件，到新型的膜材、复合材料等，再到与生物技术结合（图 1–4）；在移动方式上则有折叠、滑动、扭转、延展、旋转和变换等等。这种表皮可变动建筑具有单元化、智能化和变动方式多元化等特点。

表皮可变建筑的主要可变位置一般位于建筑的可开口部位，包括建筑屋顶、外窗和出入口处等，特别是能控制阳光进出的门窗洞口部位的遮阳设施，更是建筑师的首选。因为遮阳装置的加入对建筑物的能源性能优化具有重要影响，尤其是集成到外墙中，就可以控制阳光和能量进出。而且自动遮阳系统比固定式遮阳更适合在建筑中应用，它们可以根据太阳辐射的变化随时调整并单独控制，以实现最佳的遮阳效果和日光利用的最大化，大大降低太阳辐射的影响，还能减轻眩光和过强的光线对比，同时技术又较为简单经济，所以就成为动态建筑中应用最广、最有效的做法。

图 1-4　德国海藻屋

### 1.2.3　交互式建筑

人类具有对环境进行感知、分析和反应的能力，并能采用适当的方式进行应对。而交互式建筑和人一样，具有与周围环境适应和互动的性能，这种环境因素主要包括建筑周围的光、声音、风、热或人，它是采用自动或本能的方式来感知环境变化的需要，并能自动应对来改变建筑的外观、室温或形式。例如奈德凯恩的很多作品就属此类，像布里斯班机场停车楼立面设计（图 1-5）就是模拟风现象的表皮。所以，交互建筑是通过使用智能系统使外观和环境产生变化或能够通过运动系统和智能材料运作的建筑。

最简单的交互建筑控制系统由两部分构成：能识别事物变化的传感器和实施反馈行为的制动器。当然，随着技术的进步，交互建筑设计越来越复杂和智能化。其中最普遍的形式就是自动改变它的气候环境，以应对由于室外气候或居住者的室内活动所产生的变化。

图 1-5　布里斯班机场停车楼立面

### 1.2.4　其他类型

除了上述几种主要类型外，还有一些优秀的动态建筑类型，它们虽然不能归类到上述某一类型中，但也有动态建筑的特征和绿色环保效果，比较典型的做法就是立体绿化和建筑的结合。这种结合的好处在于，植物会随着季节变化而产生不同的景色，增强人与自然的联系，同时还能增加生物多样性，降低热岛效应和能耗。

虽然立体绿化与建筑的结合有悠久的历史（例如古巴比伦空中花园），但在技术上没有对其进行系统研究。而随着高密度的城市环境使人们与自然越来越远，立体绿化的作用和需求就凸显出来，其对改善建筑周边甚至城市局部小环境、气候和空气质量有明显作用。法国设计师帕特里克·布朗克的深入研究使立体绿化逐渐从简单应用发展到在高层建筑中的大规模应用。例如他和法国建筑师让·努维尔合作设计的悉尼中央公园垂直花园大厦和盖布朗利博物馆，以及意大利建筑师斯蒂法诺·博埃里设计的米兰垂直森林高层住宅（图 1–6）等。

另外一种绿化和建筑的结合更为深入，它不是把绿化作为建筑的附属而是把正在生长的树木作为建筑结构的一部分。例如德国建筑师费迪南·路德维希设计的树屋（Baubotanik Tower，图 1–7）就是这样一种全新的结合形式。这种利用生长的树木相比加工后的木材，可以持续对抗土壤侵蚀，吸收二氧化碳，提供氧气、营养、庇护和住所，同时还可以减少雨水径流、改善水质，因此更具有显著的生态价值和趣味性。

## 1.3　动态建筑的优缺点

### 1.3.1　优点

（1）提升了建筑的性能和灵活应对性

动态建筑设计使建筑能灵活应对气候、环境和使用者对建筑变化需求，大大提升建筑的灵活适应性以及建筑的气候调节、利用和控制能力，将建筑从传统的“固定”模式解脱出来，并

图 1-6　米兰垂直森林

图 1-7　树屋

能够根据气候条件的差异灵活调整，是实现建筑对气候“用”与“防”的根本措施。

（2）增强了人与自然的交流，模糊了内外空间的界限

动态建筑的另外一个优点是使用者可以根据实际感受或需要确定建筑的开合状态，增强了人与自然的交流，满足了人们回归自然的天性需要。

（3）塑造了新的美学形式

不同时间、气候的不同建筑状态，使建筑形象一直处于或虚或实、或开或闭的变化之中，这种持续改变且有趣的效果，形成了变化丰富的动态立面形象，避免了一般建筑建成后单一的静止状况，具有持久的视觉冲击力，充分满足了人们视觉审美的需求。

### 1.3.2 不足

除了上述优点外，动态建筑也有明显的不足。首先是动态技术的复杂性使其稳定性尚需提高，尤其是建筑自动应对环境变化对技术条件要求较高，另外就是目前动态建筑造价仍然昂贵，也给动态建筑的推广带来一定困难。

## 1.4 发展趋势

动态建筑的发展一是体现在建筑本体方面的进展，例如新型结构、材料及新型构造的出现（例如记忆性金属合金、电致变色玻璃、碳纤维、纳米材料等），都会给动态建筑的发展注入新的动力；二是动态建筑与其他学科、技术的结合会越来越紧密，建筑也会变得越来越复杂。特别是与数字技术、生物学、仿生学等的结合，都会成为推动动态建筑快速进步的动力。这些趋势的具体体现就是动态建筑的智能化水平会越来越高，建筑性能会越来越强，绿色特征也会越来越鲜明。最终，动态建筑会逐渐成为能更好为人类服务的智慧生命体。

# Chapter 2

# 第二章　可移动建筑

人类最初的迁徙式生活使建筑也具有了游牧的特征。而随着全球化、互联网和快速交通的发展，新的移动式生活方式又逐渐兴起，这就需要一种灵活、可移动、适应性强的建筑模式，所以可移动建筑重新得到重视而且发展得越来越多元化。在规模尺度上，既有大尺度的移动城市探索方案，也有中等尺度的单体式移动建筑设计，还有小尺度的单元模块式实践；在运输方式上，除了汽车、铁路等陆路交通运输外，海上、空中运输甚至自移动模式都成为建筑迁移的可能；在材料应用上，除了木质、铝材和塑料等传统轻质材料外，碳纤维、新型膜材和复合材料等新型材料也层出不穷；在功能使用和空间品质上，不仅空间设计高效紧凑，还大量应用多种可持续技术、材料和可再生能源，以减少环境影响，并逐渐向自维持运行发展。可以说，可移动建筑开始对传统固定式建筑发出挑战。

# A Rolling Masterplan
# 铁轨上的移动城市

建筑性质：城市设计

建筑设计：Jägnefält Milton 建筑设计公司

建筑地点：挪威，翁达尔斯内斯镇

建筑面积：根据需要设计

建筑时间：2010 年

主要绿色技术：材料重复再利用技术、工业化预制技术、轨道移动技术

图片来源：http:// www.archdaily.com

移动状态一

设计方案源于一个挪威传统小镇的复兴设计竞赛。由于当地基础设施配置不完善，造成小镇虽有优越的自然环境，但旅游者难以长期停留，致使小镇发展动力不足。

设计者认为，未来的城市和建筑并不是永久性的，所以他们的方案不是建造固定的传统居住社区。小镇在石油工业繁荣时期留下的铁路轨道成了方案的切入点和灵感来源。这些铁路线不是

移动状态二

移动状态三

被拆除，而是被充分利用，并通过与建筑结合转化为一种新的移动建筑系统，能随着季节和需求的变化在铁轨上移动。这样，原本固定的建筑类型就变成住宅、宾馆、娱乐、展览等不同功能的流动体。

Jägnafält Milton 公司的设计方案专门设计了多种类型的火车车厢单元。这些单元既包括常规尺寸的车厢，也包括达到双车厢长度的加长车厢。按照方案设想，这些车厢不仅可以为游客提供移动旅馆、移动厨房等私人空间，还可以提供移动公共浴场、音乐厅等公用设施。更有趣的是，铁路线还可以成为旅行者的引导，在温暖的季节里满足居住需要的同时还能提供游览路线，使游客们体会到流动的风景。而当天气变冷，这些移动车厢则可以变成本地居民抵挡严寒的住所，并提供更多室内活动的空间。

方案既充分保留了城市历史的记忆，同时还塑造了一个根据不同季节、不同时间和不同使用者而随时改变布局的动态城市形象，这种灵活又高效的设计对未来城市的发展有较强的借鉴意义。

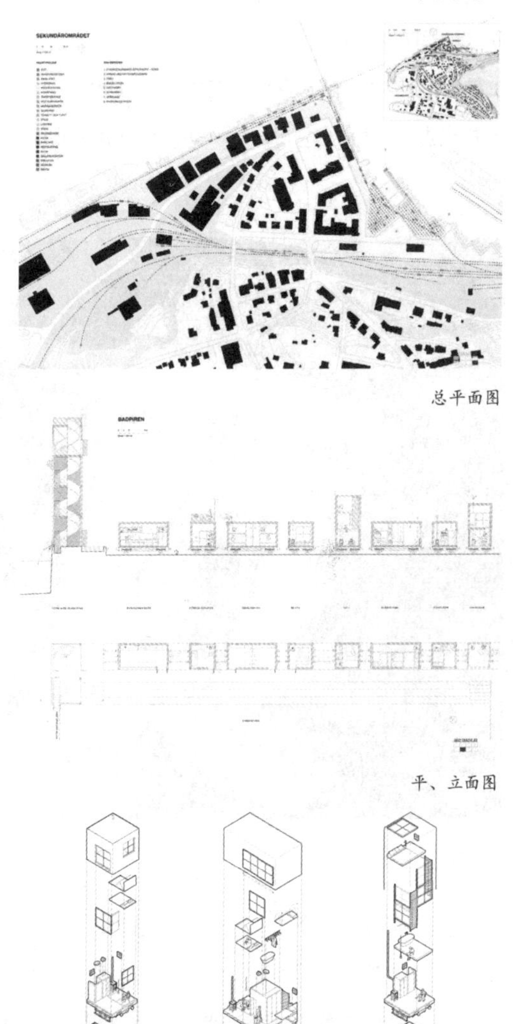

总平面图

平、立面图

单元构成分析图

# Airtecture Exhibition Hall
# 充气展馆

建筑性质：展示建筑

建筑设计：费斯托公司

建筑地点：德国，埃斯林根

建筑高度：7.2 m

建筑时间：1999 年

主要绿色技术：轻质膜材、充气结构技术

图片来源：http://openscholarship.wustl.edu/bcs/192/

鸟瞰图

充气展馆是一个用于会议和展示的单层轻质可移动建筑。设计探索了轻质充气结构及膜材料在建筑中应用的可能性，而充气元素和新的气承式结构又创造了一种全新的建筑形象。

建筑占地 780 $m^2$，高 7.2 m，内部的可使用空间面积 375 $m^2$，净高 6 m。矩形展馆的两端是建筑的出入口，并具有通风作用，其中一个是带空调的通道。

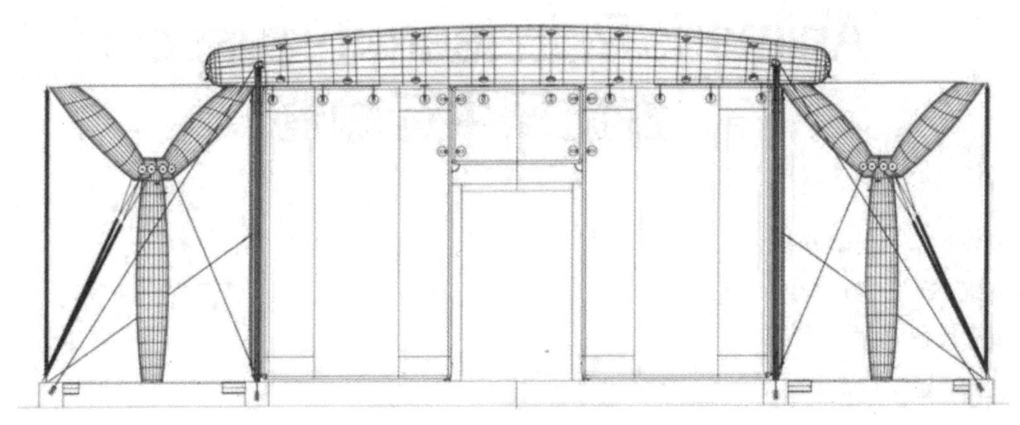

剖面图

外观一

外观二

整个展馆由大约 330 个独立的充气构件组成，其中大部分属于墙体、门窗、柱、屋顶横梁、中间膜和气动张力构件。整个建筑的支撑结构主要由三种充气膜元件组成：充气 Y 形柱、20 cm 充气平板墙和 12.7 m 半透明充气屋面梁，包括 40 个由钢索和充气臂拉紧的 Y 形柱和沿纵向两侧墙体的 36 个组件，并和支撑屋顶负荷的水平空气充气梁拉结。这种柔性结构组成的建筑形态稳定，能自动适应周边温度、气压、风环境条件的不断变化而自动调整内部压力。所以虽然为轻质结构，但建筑能承受 80 kg/ $m^2$ 的雪荷载和速度为 180 km/h 的风。

建筑冬季采暖通过地面格栅下的砾石层作为储热、散热来源，夏季则通过敷设在天花板的空调系统制冷。而展馆的双层墙面与传统的膜结构相比提高了保温隔热性。

建筑的最大特色是移动的方便性和施工的简便性。由于使用充气结构和涤纶、锦纶等膜材，所以建筑重量仅为 7.5 kg/$m^2$，总重量也只有 6t，因此整个建筑折叠起来可以放在标准集装箱内进行运输。

# Animaris Rhinoceros Transport
# 沙滩犀牛运输器

建筑性质：展示试验装置

建筑设计：西奥·詹森

建筑地点：任何地点

建筑时间：2004 年

主要绿色技术：风力驱动技术

图片来源：https://www.flickr.com； http://doorofperception.com

外观一

沙滩怪兽是西奥·詹森( Theo Jansen )设计的系列移动装置。设计者的初衷较为简单，即制造一个能够在海滩上独立生存的简单“生物”。主要通过风能作为驱动力，并运用一系列的机械原理，能在海滩上独立行走，于是成为一种特殊的艺术形式：“动能艺术”。

作为沙滩怪兽系列当中的最大一个，设计者称这是一个适合于冻土地区的运输工具。沙滩犀牛运输器以钢制骨架为框

外观二

架，外覆木制表皮，有一个供人乘坐的内部空间。运输器虽然高 4.7 m，重 2t，但只要一个人就能拉动这个装置，而风足够大时，它还可以自行启动。这个装置有 12 根支柱，并由六边形的钢托盘作为支点。采用支柱而不是轮子作为移动工具，主要是为了适应沙滩的松软地面环境，同时能减少与地面的摩擦。

外观三

外观四

外观五

# Ecocapsule
# 移动式蛋形屋

建筑性质：居住建筑

建筑设计：Nice 建筑师事务所

建筑地点：任何地点

建筑尺寸：2.55 m x 4.45 m x 2.25 m

建筑时间：2015 年

主要绿色技术：光伏发电技术、风力发电技术、雨水收集技术

图片来源：https://www.ecocapsule.sk/

外观一

“蛋形屋”是一款非常具有高科技形象的可移动小屋，由斯洛伐克的 Nice 建筑师事务所设计，目的是探索设计自维持的移动式生态小屋。它采用了鸡蛋的形状，非常具有生命力的理念。建筑设计高效紧凑，虽然可使用空间仅为 8 $m^2$ 左右，但功能齐全、分区明确，包括休息区、工作区、厨房、浴室和储藏空间等。

蛋形屋的最大特点是能自我维持。所用电力来自外侧的 750W 折叠式风力发电机和屋顶上 2.6 $m^2$ 的 600W 太阳能电池

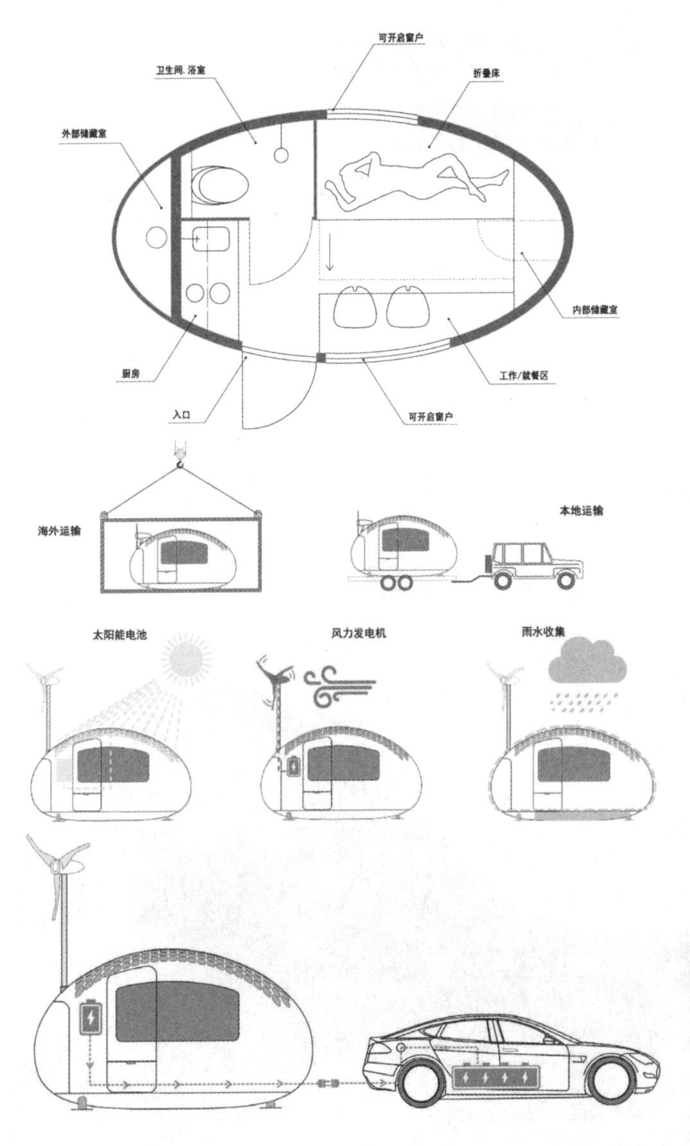


平面及分析图

外观二

内景一

内景二

阵列。此外，还配备了容量 9700 Wh 的电池，电力系统能持续运行 1 年时间。小屋的墙壁填充高性能隔热材料，有助于减少能源需求，并保持舒适的室内温度。外形不但能减少热量损失，还便于收集雨水，并通过建筑表面的膜过滤后储存到地板下的水箱中。

蛋形屋的运输也极为方便，可放到集装箱内进行空运或海运，也可以通过陆路运输到任何地方。

内景三

# Lilypad City
# 漂浮城市

建筑性质：居住建筑

建筑设计：文森特·卡勒博

建筑地点：海上任意地点

设计时间：2015 年

主要绿色技术：可再生能源利用技术、城市农业、资源再回收利用技术

图片来源：http://vincent.callebaut.org

外观一

全球变暖将导致海平面上升，会造成大量沿海城市和岛屿被淹，进而出现大量无家可归者。为应对这一问题，比利时建筑师文森特·卡勒博提出创新性的“漂浮城市”解决方案。“漂浮城市”作为一个独立和完全自维持的设计，充分利用了各种绿色技术和理念，使每座城市能满足 5 万人的居住、生活需要。

“漂浮城市”的设计灵感受到维多利亚亚马孙睡莲叶片的启

外观二

水面层结构图

发。整个城市平面为圆形，直径约 1000 m，分为水上、水下两部分，水上部分最高 160 m，水下深度 97.6 m。水上部分由三个高低起伏的大型体块围绕中心的湖面构成，主要功能为居住、工作、娱乐等。体块之间为内凹的三个独立码头与外界联系。中心潟湖通过生物技术完成收集和净化雨水的作用，并和水下部分联通。水下部分的外壳为全透明材料制造而成，让居民能在水下活动的同时欣赏海底美景。

城市需求的食物通过水上和水下的养殖场提供，能源、电力通过一系列可再生能源提供，包括建筑上设置的太阳能光伏板、风力涡轮发电站和潮汐发电站，它们产生的能源远远超过其消耗，而且整个城市产生的二氧化碳和废物将被回收处理，实现“零排放”。建筑表面采用聚酯纤维制成，聚酯纤维又覆盖一层二氧化钛，具有与紫外线反应产生光催化效应来应对大气污染作用。

这个两栖城市内没有汽车的噪声和污染，同时中心潟湖和三座山形建筑及上面的立体绿化共同为人们打造了独特的风景，而城市又会随着海湾潮流的带动从赤道漂浮到北部海洋，这使每位居民都能感受到不同寻常的生活环境，都能享受到人与自然的和谐共处。

当然，目前这个漂浮的生态乌托邦城市仍然属于概念设计，还有很多缺点和技术问题需要解决，但其给我们提供了另外一个解决城市问题的思路。

外观三

外观四

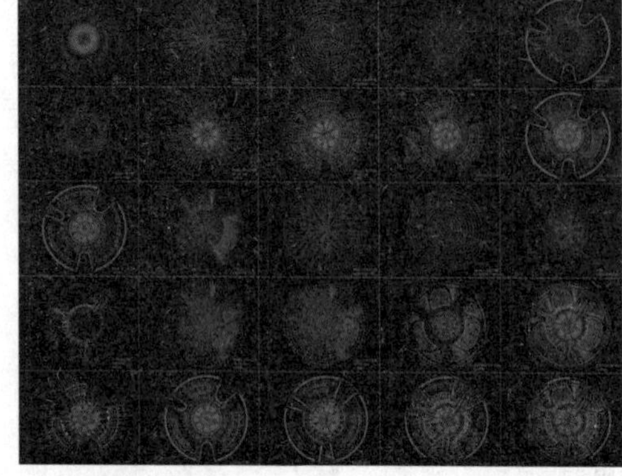

各层平面图

俯视图

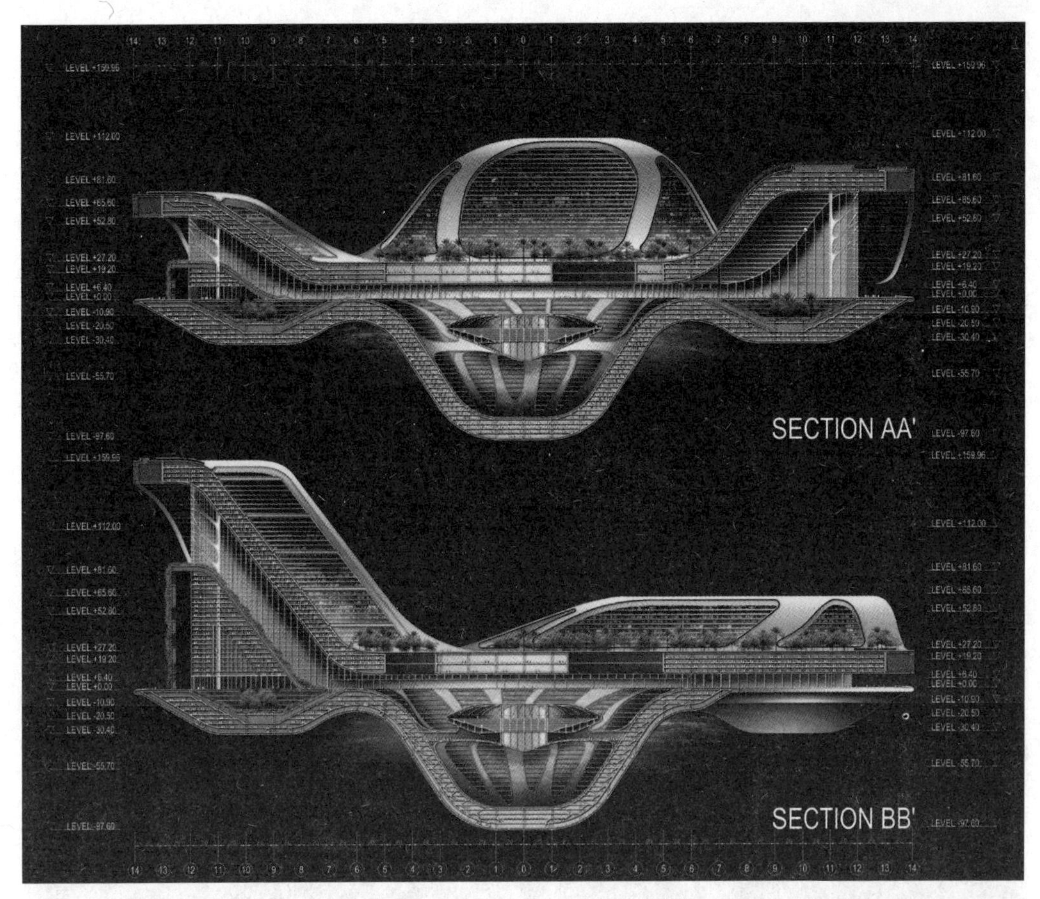
SECTION AA'
SECTION BB'
LEVEL +159.96
LEVEL +112.00
LEVEL +81.60
LEVEL +65.60
LEVEL +52.80
LEVEL +27.20
LEVEL +19.20
LEVEL +6.40
LEVEL +0.00
LEVEL -10.90
LEVEL -20.50
LEVEL -30.40
LEVEL -55.70
LEVEL -97.60

剖面图

鸟瞰图

# M-House
# 模块住宅

建筑性质：多用途建筑

建筑设计：迈克尔·詹特森

建筑地点：任意地点

建筑面积：可任意组合

建筑时间：2001 年

主要绿色技术：可回收材料应用、模块化结构

图片来源：http://www.michaeljantzenstudio.com

外观一

设计师迈克尔·詹特森的模块住宅作品试图融合艺术、建筑、技术和可持续设计，同时也是对使用标准件预制房屋的设计研究。该房屋的设计特点就是根据房屋所处的环境及需求的不同，能自由地组装和拆卸。

模块住宅由系统的 7 个模块环环相扣组装而成，使用者根据环境的变化，可以选择不同模块的拼装方式来呈现出个性化的、非水平或非垂直的外观形象。模块住宅的主要构成材料是截

外观二

内景一

内景二

面约 10 cm 见方的钢构架和矩形面板。钢构架以不同的方式组装和拆卸，以适应不断变化的广泛需求，而面板则通过在水平或垂直方向铰接到模块化的钢构架上。面板可以折叠或旋转来完成不同的功能：部分面板构成窗和门，另外部分面板展开形成的立方体能成为坐卧、睡觉、工作或是用餐的地方。部分面板上的光伏电池装置具有加热和冷却空间的作用，从而实现能源的自给自足。同时，模块住宅的底座也是可调节式的，以适应不同地面的要求。设计师希望利用标准模块构件不同数量和方式的组合，建造出适合孩子游戏、商业零售、办公、居住等多种功能用途的空间。

外观三

# Mobile Dwelling Unit
# 移动式集装箱住宅

建筑性质：居住建筑

建筑设计：LOT–EK，Giuseppe Lignano and Ada Tolla

建筑地点：任何地点

建筑面积：46 $m^2$

建筑时间：2003 年

主要绿色技术：材料再利用技术、可伸缩单元模块

图片来源：Portable Architecture

外观一

项目设计把 ISO 标准集装箱改变成一个移动住宅单元，给使用者提供随时改变居住环境和自由度的可能性，同时加入移动可变模块以使集装箱具有完备居住功能、更大的使用空间和灵活性，从而探索建立一种新型的居住形式。

建筑师在集装箱的外壁切口并加入活动单元以产生灵活的可伸缩模块，每个活动模块作为一个或居住、或工作、或厨卫、或存储的功能单元。运输时，这些模块缩进集装箱内并彼此连接互

外观二

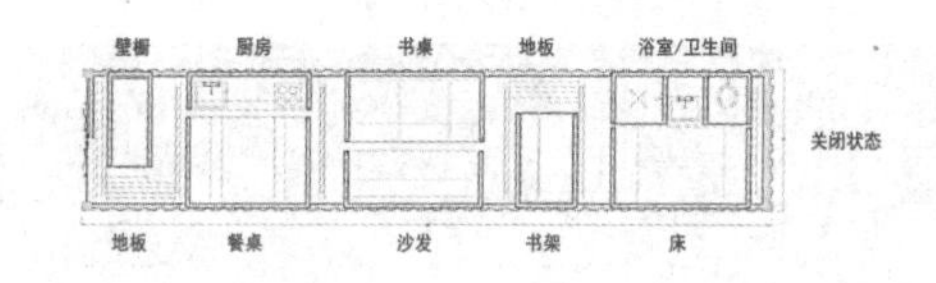


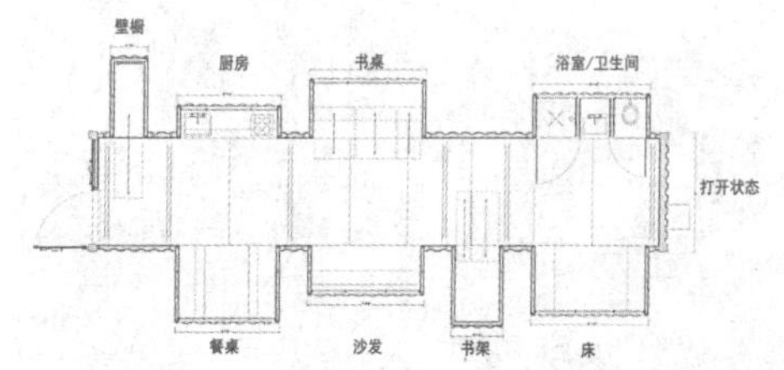


平、剖面图

内景一

锁，从而使集装箱保持原来形状，以满足装运标准。使用时，所有的活动单元伸出，从而形成沿中心走廊外侧布置不同功能模块的极具变化的内部空间，大大扩展了常规集装箱的功能并减少了空间限制。可伸缩模块的移动可以用手操作，而打开和关闭位置的密封则是通过在相应位置加入橡胶垫圈完成。

除了移动的方便性和使用的灵活性外，移动住宅单元的另外一个重要意义在于使旧集装箱得到大规模回收利用，这种工业化标准模块材料的再利用对社会可持续发展会有积极影响。

外观三

# Nomadic Museum
# 游牧博物馆

建筑性质：展览建筑

建筑设计：坂茂

建筑地点：美国，纽约

建筑面积：5200 $m^2$

建筑时间：2005 年

主要绿色技术：集装箱、纸管等重复利用材料

图片来源：http://www.archdaily.com

外观图

该建筑名字的由来是因为加拿大摄影家乔治•科博特(George Colbert)需要一座能够在世界各地“流动”展览的博物馆，用来巡回展出他历年来的创作成果，包括 200 件大型摄影作品。坂茂通过使用普通、天然的材料和简洁的设计元素成功地将庄严感传递给游客，并具有醒目的效果。

整个建筑宽 20.4 m，长 204 m。其围护墙体是由 2 列共 152 个钢制集装箱组成。选用集装箱为主要建筑材料，一是取材

内景一

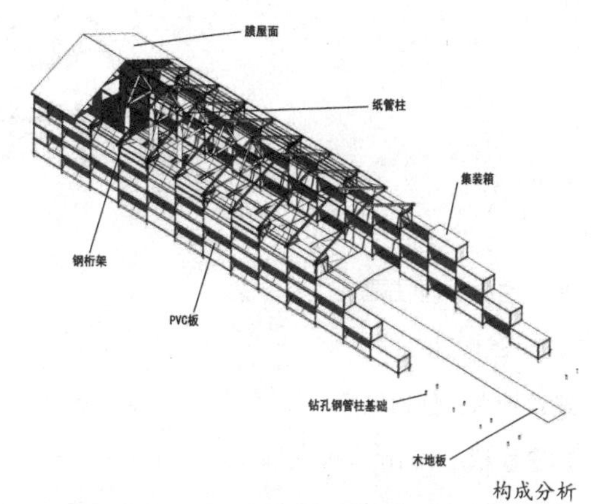

构成分析

方便，二是因为它们一直四处漂泊，本身就是环游世界的传奇。每列集装箱被堆成了 4 层，每层错开一个箱体排列，组合形成了棋盘式的虚实相间的对比墙面。集装箱墙体同时作为屋架和张拉 PVC 吊顶的支撑构件。而集装箱之间的空间用白色倾斜的 PVC 板填充。金属桁架和纸管构成的山墙在美术馆的末端创造了经典的形式，支撑了 PVC 薄膜材料的屋顶。两排 9m 直径的纸管柱位于博物馆的中央，模仿了军工厂中巨大的柱子，并且致敬了教堂中常见的中央仪式性空间。回收木板铺设的走廊在柱子之间穿梭，定义了交通流线，而地板的其他部位都是裸露的河床岩石。

除了使用标准集装箱作为主要材料外，建筑中的柱子利用回收的废纸预制的纸筒构成，使用时已进行了防火处理。所有这些构件都可以方便地拆卸并运到外地重装，以作流动展厅之用。大量回收再利用材料的应用很好地体现了环保理念。

内景二

内景三

梁柱节点

# ALPOD
# 移动式单元房

建筑性质：居住建筑

建筑设计：罗发礼

建筑地点：任何地点

建筑面积：43 $m^2$

建筑时间：2015 年

主要绿色技术：可回收材料、工业化模块

图片来源：http://www.alu-house.com

外观一

作为一种新型的单元式移动房屋概念，ALPOD 给使用者提供了随时改变居住环境和更大使用自由度的可能性，同时这种高度集成的工业化住宅也可在一定程度上应对解决城市高房价问题。

ALPOD 长 13 m，宽 3.3 m，高 3.3 m，采用铝材作为主要结构和装饰材料，内部除了集成化的厨房及卫浴设备外，其他则为无柱的开放空间，这给内部使用带来了充分的灵活性。另外房

外观二

内景一

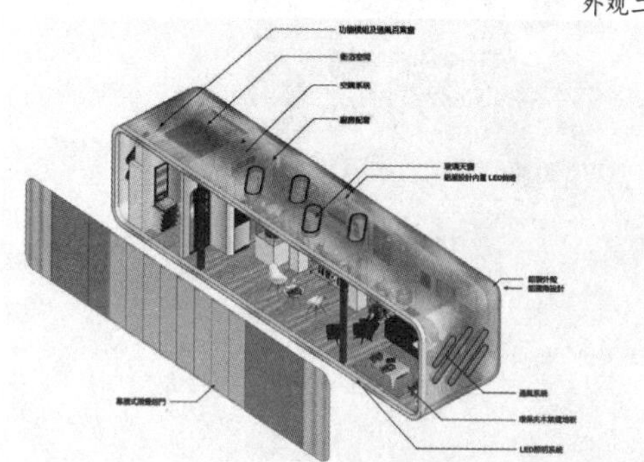

构成分析

内景二

屋单元还内置空调、电源及照明系统。

ALPOD 的最大特色是移动和组装的灵活性。这种轻巧又坚固的单元能适应不同的环境和用途，既可以单独使用，还可以组装成可随时更换的独特建筑形体，给人们的生活方式带来更多的选择，颠覆了传统建筑的固定做法，也使城市景观变得更多姿多彩。

单元组合示意

# Chapter 3

# 第三章　可变动建筑

作为一种最主要的动态建筑类型，相比可移动建筑的复杂性和实验性，可变动建筑的发展就显得更为成熟、多样，也更具可实施性。这些案例中既有建筑体块空间的可变，也有表皮构件的可变；既有复杂精密的智能可变单元组件，也有简单有效的手控活动构件；既有体现现代精加工技术的金属材料、膜材，也有体现自然质朴特色的木质材料；既有直接变化的滑动、折叠、旋转方式，也有逐渐可变的延展、变换、胀缩类型。这种建立在气候适应性基础上的可变动特性使建筑具有了更好的使用体验，更具有生态和经济性，同时还创造了更具变化美学的形态。这种高效和较强适应性的建筑打破了传统建筑固定的静态模式，提升了建筑性能，于是建筑就具有了类生命体的意味。

# Bauhaus-Museum
# 德国新包豪斯博物馆

建筑性质：博物馆建筑

建筑设计：Penda 工作室

建筑地点：德国，德绍

建筑面积：3500 $m^2$

设计时间：2012 年

主要绿色技术：活动形体

图片来源：http://www.gooood.hk/bauhaus-museum-by-penda.htm

总平面图

包豪斯寓意着生命力、精神而非形式，它并不是关于形式的表现或逻辑，也不是美学，而是如何将美学应用到日常生活中。因此，设计方案通过清晰的几何体与动态技术元素的融合，提供了更多的灵活性，并与德绍城市中心良好融合。

虽然建筑仅为一个简单纯粹的长方体，但设计非常富有创意：建筑中间底部有两个长 36 m，宽 9 m，高 7 m，能够旋转的体块，这两个体块可根据需求进行旋转。这种动态的做法是根据博物馆

鸟瞰一

鸟瞰二

的功能而设计出来的，而不是从形式出发。建筑师认为“城市是快速变化和生动的，而建筑是稳定、缓慢而且被动的，因此我们开始思考设计与人互动的建筑，适应周边环境的建筑。因此我们尝试在建筑中建立一个可以变化的构架”。

建筑的动态处理也符合博物馆的矛盾性格：一方面博物馆需要公共的、开放的属性迎接游客，相应需要开放透明的区域和展览空间，另一方面又具有内向的特质，需要隔离自然光的空间；同时，博物馆坐落在公园内，还是公园与城市联系的重要枢纽，当建筑底部的两个平台旋转打开，便形成邀请人们进入博物馆和公园的模式。到了晚上，平台关闭，减少了来自公园的危险性。动态的处理也符合适应气候的需要：温暖的季节，博物馆作为公园的一部分要素开放，并提供音乐会场地，市民将在公园晒太阳，跑步，与孩子玩或者看音乐会。到了冬季，公园人烟稀少，博物馆可以将平台闭合，吸引游客进入博物馆参见展览和活动，减少在公园外部的活动。

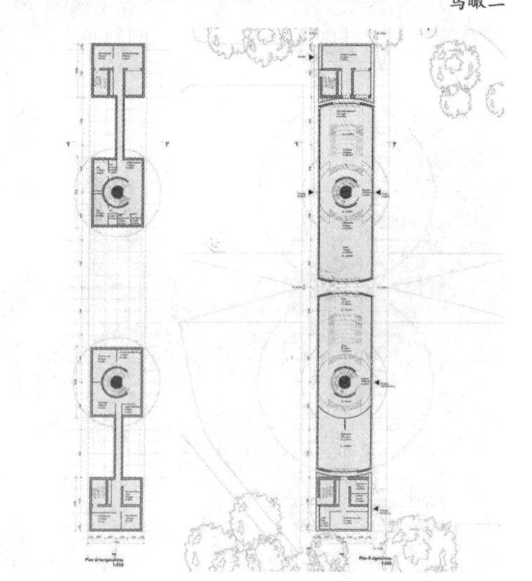

一层平面图

局部透视图

# D * Dynamic
# 三维动态住宅

建筑性质：居住建筑

建筑设计：大卫·本·格伦伯格，丹尼尔·沃尔夫森

建筑地点：不限

设计时间：2012 年

主要绿色技术：滑动技术

图片来源：http://www.thedhaus.com/architecture/dhaus/dynamic/

外观一

三维动态住宅的概念受到英国数学家亨利·杜德尼一个数学发现的启发，即把一个正方形划分为四部分可以变换成一个完美的等边三角形。建筑师大卫·本·格伦伯格和 丹尼尔·沃尔夫森把这个发现应用到建筑上来，实现了一个变化多端的方案设计。他们认为建造具有适应性和变化性的建筑是一种可持续的生活方式，而且这种高科技动态房屋可以建在世界任何地方，也可以适

外观二

应任何气候。

他们通过在每一个房间下设置铁轨，使每一部分都能自由转动，从而使三维动态住宅可展开变形为八种不同的组合方式，所以可展开的建筑本身就像一个魔方。这种灵活的组合可以根据用户和季节的变化需要随时进行，成为居民所需要的任何状态。冬天，房子是一个开有小窗的规整的方形，具有良好的保温节能效果。而随着季节变化和气候变暖，房子逐渐打开，像花一样慢慢绽放，这时内墙变成外墙，门变成窗，窗成为门。这样建筑的各面都能接触到自然，所有的房间都能欣赏到周围的景色。另外从建造的角度看，在工厂只用一种生产模式就能实现灵活的可能性，这意味着制造过程中产生更少的浪费，因此，建造三维动态住宅能节省大量时间和材料。

目前，这种高科技住宅虽然只是一个原型，但由于它所具有的各种优势，也许将会有大规模的应用，成为一个经济性的住房解决方案。

外观三

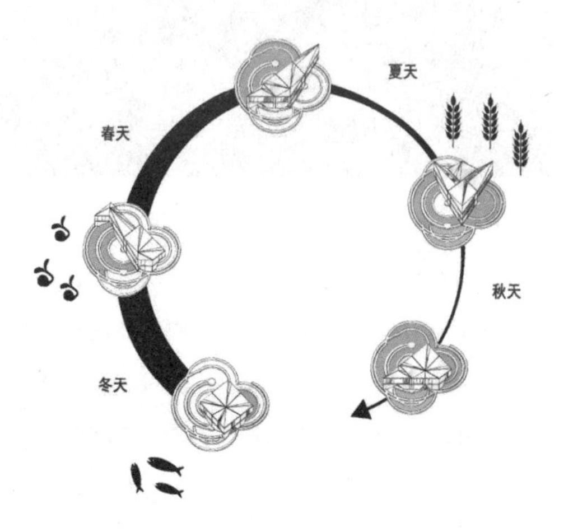


不同季节的建筑状态

# Dragspelhuset
# 爬虫小屋

建筑性质：居住建筑

建筑设计：24H 建筑师事务所

建筑地点：瑞典 Glaskogen

建筑面积：72 $m^2$

建筑时间：2004 年

主要绿色技术：轨道滑动系统

图片来源：http://www.natrufied.nl

外观一

爬虫小屋原是一座位于瑞典南部自然保护区内湖边的渔夫小屋。根据瑞典法规，此区域湖畔的新建建筑面积不得超过 28 $m^2$ 并且要退后水岸线 4.5 m 以上。24H 建筑师事务所的拉莫斯和鲍里斯在买下这座小屋后，通过巧妙地应用动态和仿生理念，使扩建部分完美解决了法规限制、个人梦想和环境协调之间的矛盾问题。

外观二

扩建部分紧贴原来建筑，也为一个简单的长方形平面。而为了满足法规和自身需求，拉莫斯和鲍里斯采用了独特的可伸缩的设计处理：即主要房间可沿预先设置在滚轴上的滑动轨道和滑轮系统内外移动。这样当使用者使用这座建筑时，可活动部分就可以完全伸展打开，悬挑到旁边的小溪上空，这时建筑面积能达到 72 $m^2$，并具有厨房、客厅、餐厅、卧室和阁楼等完善功能；当无人使用的时候活动部分就可以缩回室内，就像一个紧紧蜷缩的茧一样。这样扩建部分既可根据需要灵活调整使用空间大小，还能尽量减少对周边环境的影响。

另外建筑师还采用仿生设计理念，设计出了非常独特的建筑形象。整个建筑布满木质"鳞片"，就像一条在丛林里自由活动的巨大昆虫。并且随着时间的侵蚀，木质建筑会与周围的自然环境形成越来越和谐、生动而有趣的共生整体。

为有效降低建筑能耗和减少环境干扰，建筑还使用了大量绿色技术：例如使用丙烷气体来烹饪，依靠太阳能光伏板照明，利用雨水收集管来积蓄用水，用火炉烧木材来取暖，利用烟囱来回收热量等。

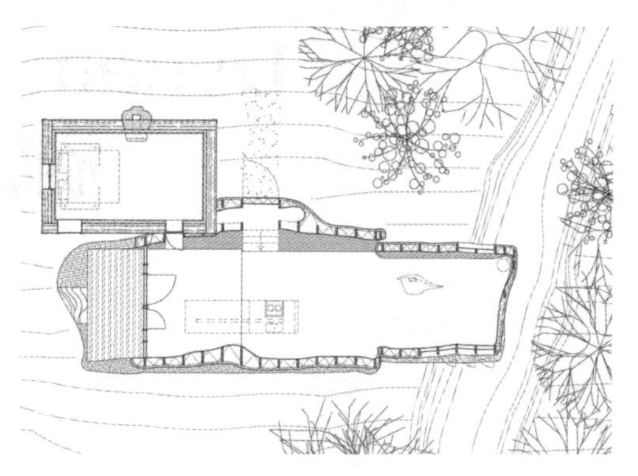
一层平面图

外观三

内景

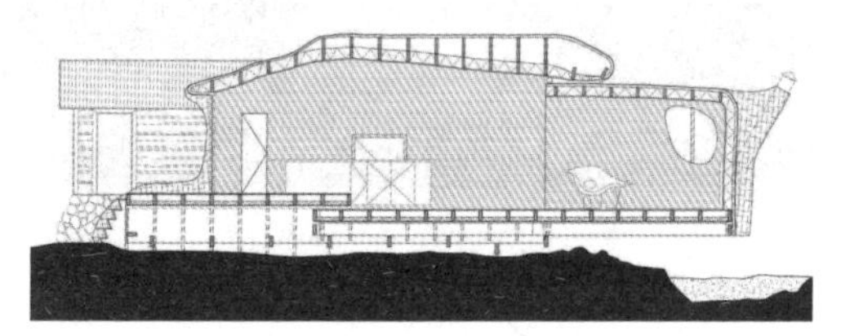
剖面图

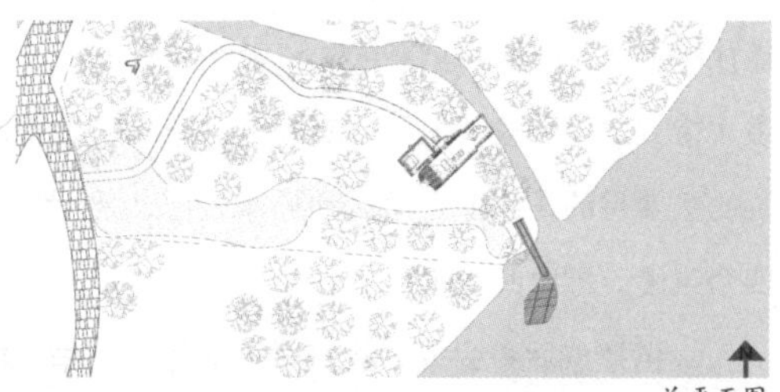
总平面图

# Dynamic Tower
# 旋转塔

建筑性质：综合建筑

建筑设计：大卫·费舍尔

建筑地点：阿拉伯联合酋长国，迪拜

建筑高度：420 m

设计时间：2010 年

主要绿色技术：楼层水平旋转、光伏发电、风力发电技术

图片来源：https://parisworkingforart.wordpress.com

外观一

旋转塔全名是达·芬奇旋转塔。建筑总计 80 层，高约 420 m，预计耗资 3.3 亿美元，由意大利设计师费舍尔设计。这座建筑的最大特点是每层楼都能独立旋转，形成非常独特的动态形象。建筑的主要目的是创造永恒运动的摩天楼， 因此，建筑将被赋予第四个维度，即时间维度。

大楼建成后将会成为建筑学上的伟大创举，原因有以下几点。

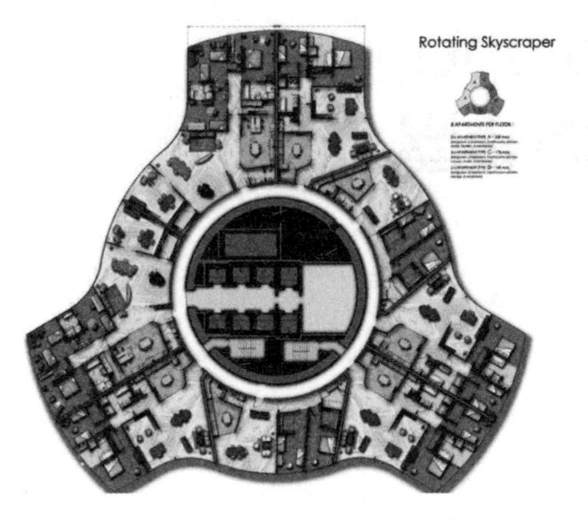


标准层平面图

外观二

中心结构图

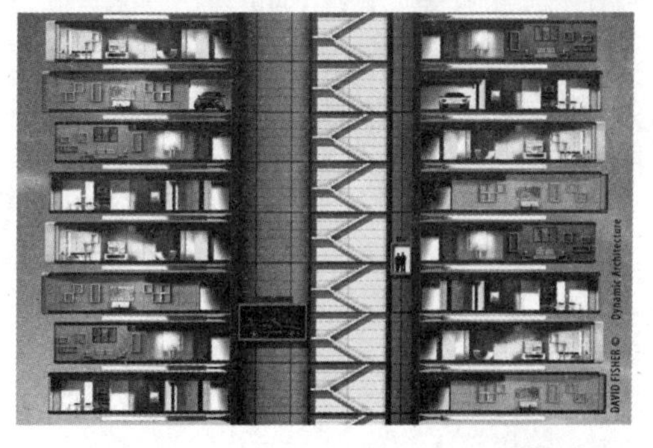


局部剖面一

局部剖面二

首先，每层楼都能独立旋转，90 分钟旋转一圈，每层楼每分钟能旋转 20ft( 约 6 m) 的幅度。这使建筑能不断变换外形，是世界上独一无二的。此外，住户还可以通过声音控制住宅所在层的旋转速度和公寓方向。其次，“达·芬奇塔”还将是世界上第一座预制摩天大楼，大楼 90% 的部分将在同一个工厂完成，这使建造成本比相同规模的常规建筑低 23%。再次，整幢大楼的电力需求都将由风力涡轮机和太阳能电池板提供。“达·芬奇塔”不仅能实现能源自给自足，而且，多余的电还能满足周围 5 栋相同规模的建筑使用。风力涡轮机安装在两个旋转楼层之间，由于其特殊的形状和所使用的碳纤维材料，涡轮机工作时极其安静而且是不可见的，这比传统的垂直风力发电机对环境的影响大大降低。太阳能电池板安装在各楼层屋顶，每层大约有 20%屋顶暴露在阳光下，因此建筑物总计会有 10 个类似大小的屋顶空间。

费舍尔称，这栋智能建筑表皮还能识别气候和温度变化，从而调节通过建筑表面的能量供应，并自动调节室内温度，达到冬暖夏凉的效果，在确保室内舒适的同时，也能减少能源消耗。

# Heliotrope
# 向日葵旋转屋

建筑性质：居住建筑

建筑设计：罗尔夫·迪施

建筑地点：德国，弗莱堡

建筑面积：285.87 $m^2$（包含地下室 77.21 $m^2$）

建筑时间：1993 年

主要绿色技术：光伏发电、轨道转动系统、土壤空气换热、热回收通风、低温辐射吊顶和地板供暖、雨水和中水收集、木质颗粒锅炉等

图片来源：http://www.rolfdisch.de/

内景一

作为一个探索未来太阳能建筑模式的经典案例，向日葵旋转屋在能源利用、生态维护与建筑美学的整合方面有突出贡献。建筑师采用正能源屋的设计理念，一方面采取各种措施来降低建筑物在采暖、通风、制冷及照明方面的能源需求，另外充分考虑可再生能源的吸收利用，同时借由天然及可回收建材以减少对环境的冲击。

旋转屋平面为圆形，直径10.5 m。建筑功能在垂直方向上分为上、中、下三部分：地下室、架空层和上部居住层，屋顶则是花园与太阳能光伏板阵列。核心筒直径2.9 m，高14 m，像树干一样作为结构、交通和水电安装用途，筒中央为旋转楼梯和水电管线，上部房间均围绕中心的预制木质核心筒悬挑布置。上部平面为螺旋上升式处理，地面标高会随着旋转楼梯的标高变化而螺旋上升，虽然会给使用带来一定不便，但也给居住者产生独特的空间体验。另外，建筑还能随着太阳缓慢自转，正常条件下，建筑物随着太阳以每小时15°旋转，电动机功率120W，这也是第一个为减少能耗需求而转动的建筑。这样，冬季，大开窗部分转向南方以尽量吸收阳光和热量，而夏季，少开窗部分朝向南方以减少热量进入。

建筑的另外一个特征是太阳能主动利用方面。一是在屋顶安装单晶硅光伏板阵列，并具有绕水平和垂直轴转动的太阳跟踪系统。光伏阵列面积共54 $m^2$，6.6kW的峰值输出，年发电量达到9000kW·h，是建筑物电力消耗的5倍。此外，各层阳台外还安装有34.5$m^2$的真空管太阳能集热器并作为栏杆。产生的热水一部分用于建筑物，另外一部分被储存到服务间的储罐内。通过各种措施使用，建筑上部能耗仅为21kW·h/($m^2$·a)，地下室为47kW·h/($m^2$·a)。

建筑以其未来感的动态造型、趣味的内部空间体验和可持续性的绿色技术使用，塑造了一个在生态、能源和经济统一、协调基础上的绿色高品质居住模式。

外观一

外观二

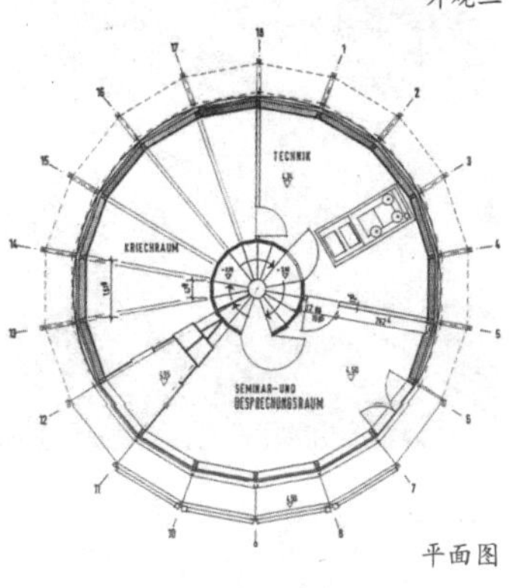


平面图

内景二

阳台外景

外观三

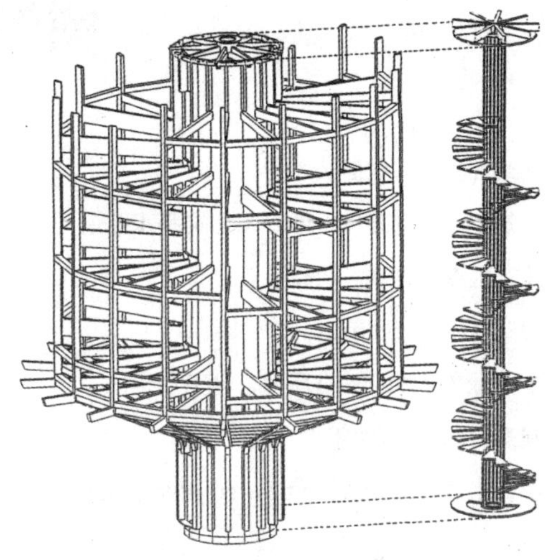

结构组成

中心楼梯

结构实景

# Leaf Chapel
# 树叶教堂

建筑性质：宗教建筑

建筑设计：克莱因·戴瑟姆建筑师事务所

建筑地点：日本，山梨县

建筑面积：168 $m^2$

主要绿色技术：动态屋面、地下通道风

建筑时间：2004 年

图片来源：http://architizer.com/projects/leaf-chapel；http://ideasgn.com

夜景一

树叶教堂坐落在日本山梨县小渊泽町酒店度假村，以南部的阿尔卑斯山脉的美丽景色和清新的绿色为背景。建筑师提出的设计方案是形如两片树叶相叠的形式，就像是“在无数树叶中有两片树叶轻舞而下相叠于地面之上”。它的另一个寓意是象征着新郎新娘的幸福相会。

为了减少从附近酒店房间观看花园的视觉影响，建筑师采用了弧形体量，并利用地形高差，使教堂依地势向下，就像贴附地

夜景二

面覆土而建。而覆土和混凝土地下室所形成的稳定的空气环境则是加热和冷却教堂空间的能量来源。

这座能容纳 80 人的教堂是由两片叶状弧形屋面相叠咬合形成。一片是半透明的玻璃屋面，一片是白色的钢屋面。玻璃屋面就像一片展开的图案优美的荷叶，其结构脉络和弧形花边也非常精致。钢屋面则连接到两端的管状钢框架上，通过两个液压油缸智能控制开启和关闭。使用时，钢屋面随着婚礼的进行会轻轻地打开，逐渐展现出外部的风景。钢屋面上还分布了 4700 个孔，每个孔都装有亚克力透镜，4700 个孔组合成的藤蔓状图案，就像新娘面纱上的花边图案。白天，随着太阳入射角度的不同，在室内形成动态的光影变化效果，创造了一个奇妙的天空背景。夜晚，灯光又从屋面散发出来，使建筑又具有轻盈浪漫的诗意效果。建筑虽然重达 11t，但由于其平滑的曲面形式，几乎像一片织物，时移景易，静静地矗立在湖边。

局部一

局部二

鸟瞰一

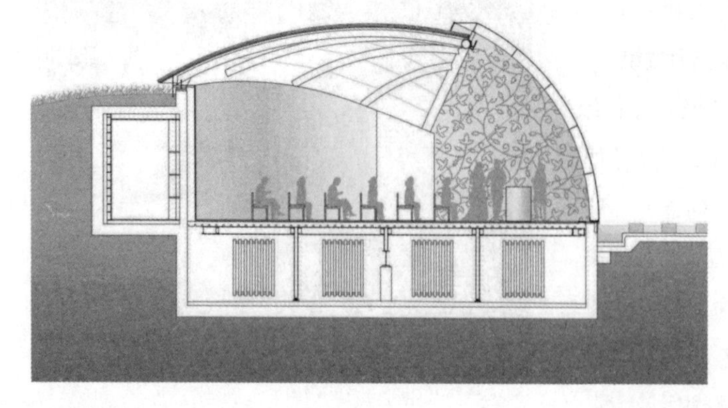

剖面图

鸟瞰二

内景

# Living Room
# 活动空间住宅

建筑性质：居住建筑

建筑设计：加布里·塞弗特，戈茨·史塔克曼

建筑地点：德国，盖尔恩豪森

建筑面积：不详

建筑时间：2005 年

主要绿色技术：轨道滑动系统

图片来源：http://living-room.info/structure/structure-drawing

平台空间打开状态

建筑位于德国盖尔恩豪森古镇内一条小路拐角处的不规则用地上，地形具有一定的高差，周围均是传统的德式民居，这也使其布局受到一定的限制，但建筑一方面和传统建筑在形式、门窗尺度等保持协调，另外还以其陡峭的屋顶、白色的铝板外墙和交错的窗户处理使其从周围的环境中脱颖而出。

建筑由建筑师、诗人和艺术家等多个设计师共同合作完成，这使其内外均充满浓浓的艺术韵味。设计打破了传统建筑内部和

外观一

外观二

内景一

外部、公共和私人之间的差别处理，所有屋顶和墙壁，内部和外部都覆盖着相同的光滑统一的表皮，一套严谨的窗网格系统贯穿建筑物内外。

建筑的山墙处理极有特色：貌似固定不变的墙面在不经意间会滑出一个抽屉一样的平台空间，平台空间是内部卧室的室外延伸。这种动态的处理一方面为住户提供了户外空间，给使用者带来与自然交流的机会，弥补由于用地原因产生的功能不足，同时还使建筑增加了亮点，并给城市环境带来趣味和变化。

内景二

内景三

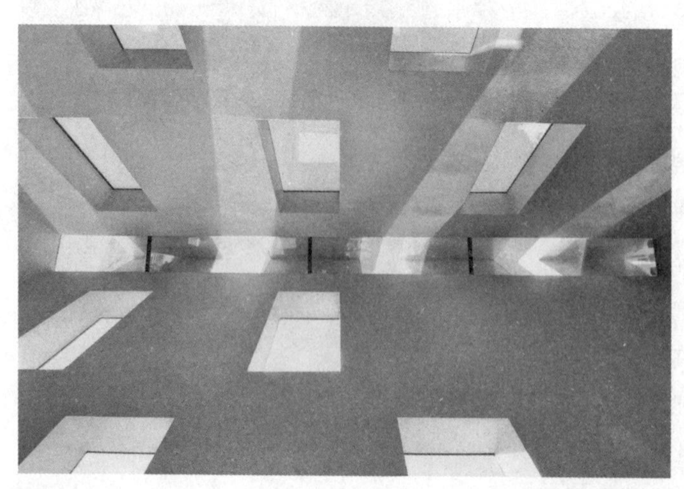

内景四

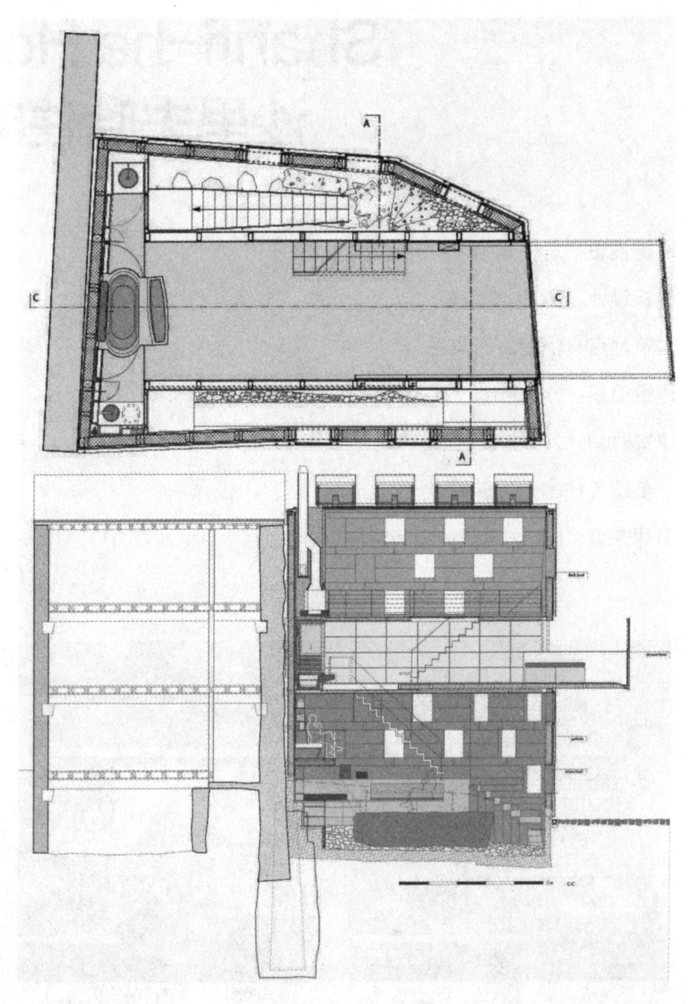

平、剖面图

剖面图

内景五

# Sharifi-ha House
# 沙里夫哈住宅

建筑性质：居住建筑

建筑设计：Next 工作室

建筑地点：伊朗，德黑兰

建筑面积：1400 m$^2$

建筑时间：2013 年

主要绿色技术：旋转阳台

图片来源：http://www.archdaily.com

建筑不同开启状态

沙里夫哈住宅由伊朗 Next 工作室设计，是一座 4 层的临街建筑。建筑的主要特点是较小的临街开间和较大的进深，而形体的主要特色是临街立面三个可旋转变化的木质盒子空间。

建筑师受到伊朗传统建筑能同时提供冬季和夏季起居室做法的启发，通过将传统静态的二维立面转变为动态的三维立面，不仅带来沿街立面形象的动态变化，同时给内部的使用功能带来更多

内景一

内景二

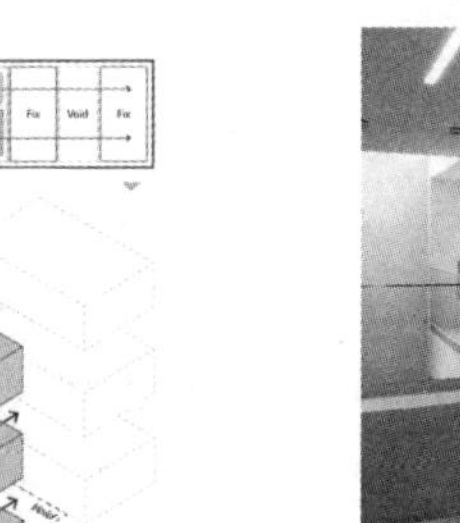

空间分析图

内景三

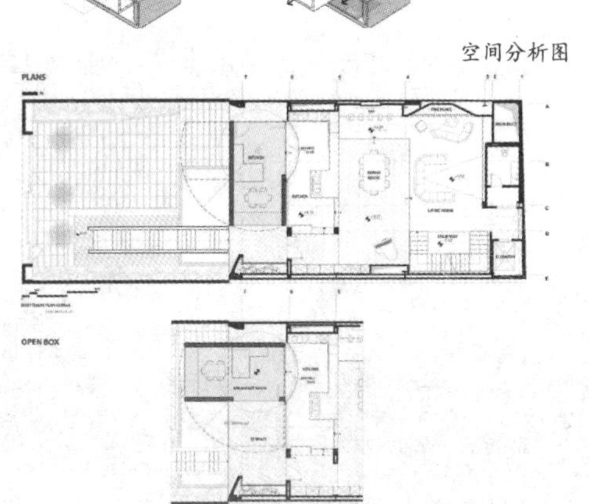

平面图

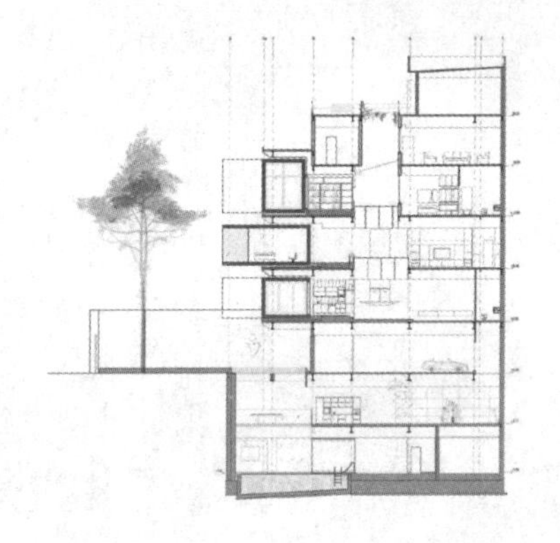

剖面图

的灵活性和不确定性，另外还适应了德黑兰多变的气温变化特征。

建筑师主要在建筑沿街二、三、四层各设计了一个可以对外旋转 90° 的房间。三个旋转房间分别为二层的餐厅、三层的客房和四层的家庭办公室。使房间转动的设备为德国 Bumat 公司生产的一种机械化转盘系统，该系统也常被用于戏剧舞台和车展当中。另外为了适应变化的立面，阳台采用了可以折叠的栏杆，当房间旋转时，栏杆可以向上或向下倾斜。

在炎热的夏季，三个房间可以向外旋转 90° ，这就形成了一个开放、透明、穿孔的空间和宽敞的大阳台，相应增加了开窗通风面积并提升遮阳效果，达到通风、遮阳和降温的目的；而在寒冷的冬季，三个房间旋转后能够与主体建筑闭合，减少了对外开窗面积，也降低了体形系数，更好地保持室内温度，从而满足住户同时具备开放的夏季居住模式和封闭的冬季居住模式需要。这样，盒子的旋转移动营造出开放或封闭、内向或外向的建筑形体和空间变化，这些变化能随时根据季节、天气、使用者需求或功能的调节而灵活调整。

# Sliding House
# 滑动住宅

建筑性质：居住建筑

建筑设计：DRMM 工作室

建筑地点：英国，伦敦

建筑面积：200 $m^2$

建筑时间：2009 年

主要绿色技术：轨道滑动系统

图片来源：http://drmm.co.uk/projects/view.php?p=sliding-house

外观一

玻璃建筑的通透之美无需再使用溢美之词，只是一到夏天和冬天，极端气候就会大大降低它的使用体验。而 DRMM 建筑师事务所设计的“滑动”房屋，使建筑获得了良好的夏季遮阳和冬季保温效果，给玻璃幕墙建筑加上了可以“滑动”的外壳。

“滑动房屋”位于英国的萨福克，这座如仓库般的红色建筑是主人退休后种植食物，娱乐和享受风景的住所。建筑简洁地分成三部分：住宅、车库和附属建筑，三者通过重达 20t 的“滑盖”

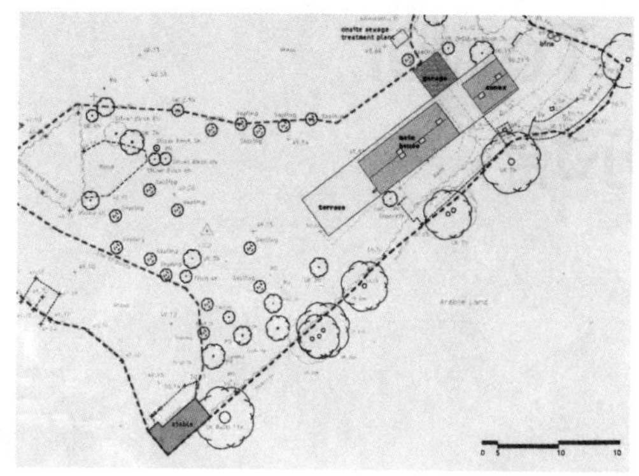

总平面图

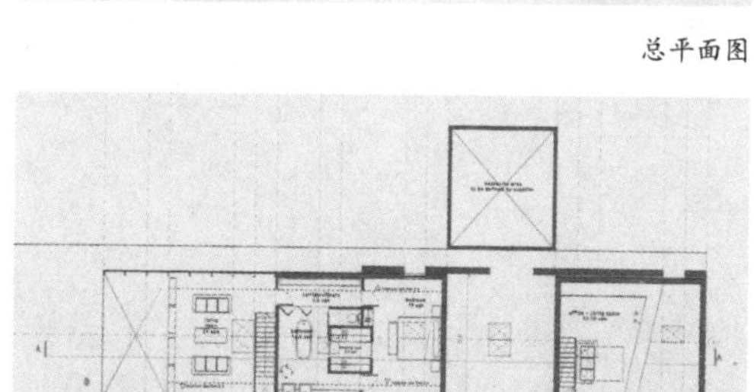

一层平面图

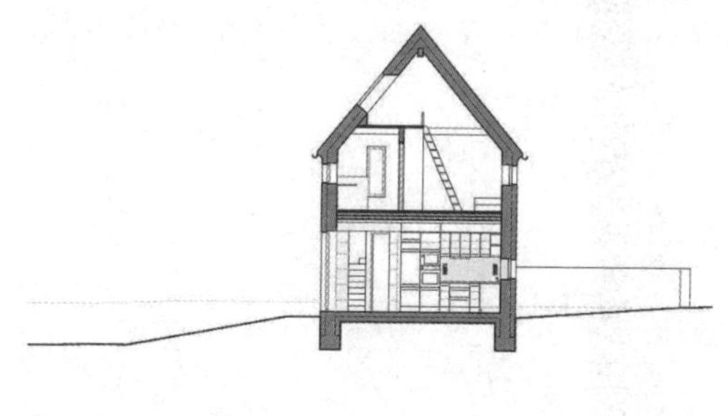

剖面图

相连。“滑盖”以松木为材料，由隐藏在墙壁内的电动马达驱动，使用者可以依据变化的天气、季节甚至心情而选择房屋的开放程度，或者是完全拥抱天空与阳光的开放状态，或者是保护个人隐私的密闭形式。

滑动的房子提供了完全可变的空间、阳光和动态景观。这种动态的变化很难用语言或图片描述。它可以根据天气、季节或需求，改变整座建筑的构成和特点。“滑盖房屋”完工后，曾获得当年英国皇家建筑师协会奖以及最佳年度房屋。

外观二

外观三

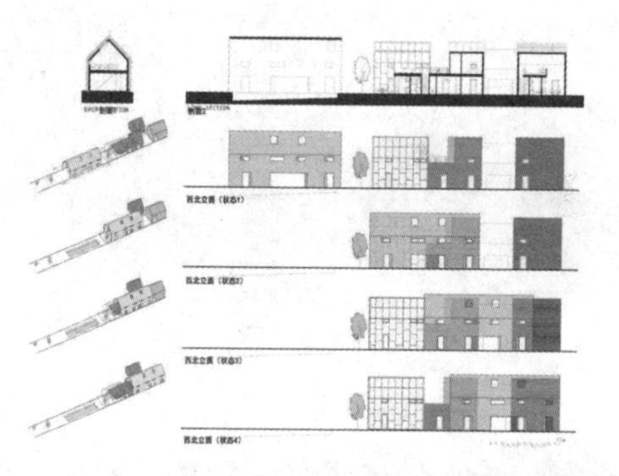

不同状态分析图

外观四

# Al Bahar Tower
# 巴哈尔塔

建筑性质：办公建筑

建筑设计：Aedas 建筑师事务所

建筑地点：阿卡伯联合酋长国，阿布扎比

建筑高度：145 m

建成时间：2012 年

主要绿色特征：动态遮阳技术

图片来源：http://www.ilikearchitecture.net

外观一

巴哈尔塔位于阿联酋阿布扎比，由两座 29 层的圆柱形办公建筑组成，由于其独特的形象而被戏称为“大菠萝双子塔”。因为地处炎热干燥的阿拉伯地区，所以设计的重点是如何体现建筑的地域性和解决遮阳、隔热问题。

建筑的圆柱形形体来源于传统伊斯兰建筑的几何形体做法和仿生学原理，同时圆柱式形体既能在表面积最小的情况下产生最

外观一

遮阳单元结构细节

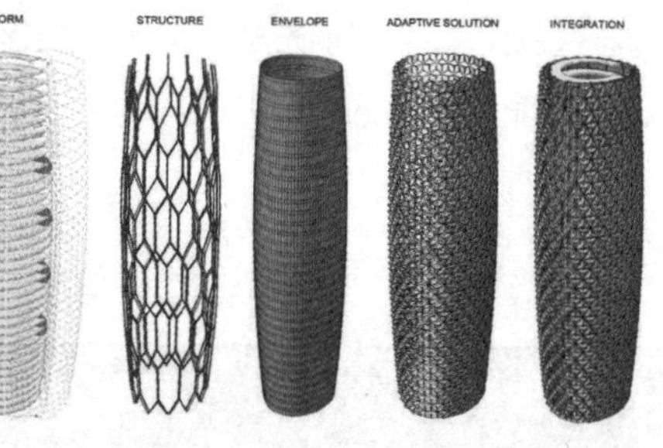


表皮构成分析

大的体积，也能提供高效的平面使用空间。

建筑表皮主要由三层构造构成：内层为玻璃幕墙，中间层为空气层，外层为可开阖的六边形遮阳单元组合。建筑师从传统称为“Mashrabiya”的木格子窗做法中受到启示，设计了外层这种新型的伞状动态遮阳结构，整个遮阳系统由遮阳板、电机和智能控制系统构成。六边形结构内部又包含 6 个独立的三角锥体单元。每个三角锥体单元由三角形铝框、Y 型支撑臂、半透明的 PTFE 膜、铸件和电机构成，通过智能控制，可根据太阳位置的变化展开或闭合，以控制进入建筑内部的光线和热量，从而提升建筑的舒适性并减少照明和空调负荷，这种创新的动态遮阳系统能降低太阳能进入量的 50%，每年还能减少 $CO_2$ 排放量超过 1750t。因此，这两座建筑获得了 2012 年世界高层建筑与都市人居学会（CTBUH）“创新奖”和“中东及非洲地区最佳高层建筑奖”。

外观一

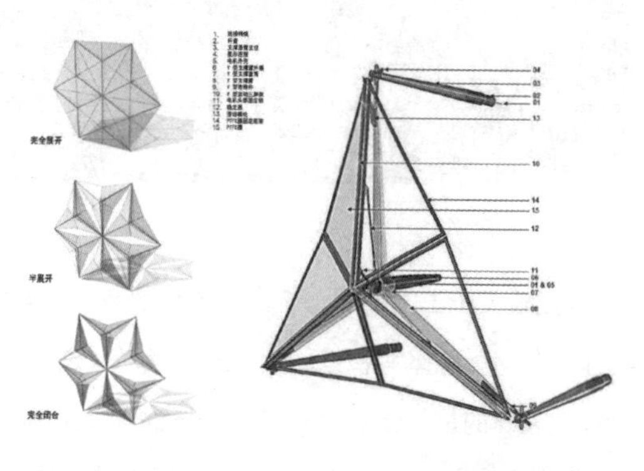

遮阳单元构成分析

# Media-TIC
# TIC 媒体大厦

建筑设计：Cloud 9 事务所

建筑地点：西班牙，巴塞罗那

建筑面积：23104 $m^2$

建筑时间：2009 年

主要绿色技术：动态遮阳技术、海水冷却技术、区域冷暖供应技术、太阳能光电技术、种植屋面技术

图片来源：http：//www.archdaily.com；https://en.wikiarquitectura.com

外观一

建筑位于巴塞罗那一个由旧工业区转型智慧绿色的新兴发展区内，包含多媒体博物馆、工作室、国际会议中心和办公空间等功能，主要目的是为传媒企业和信息技术公司提供一个交流平台。建筑设计理念受到当地19世纪工厂和高迪设计的米拉之家的启示。

建筑以极具表现力的外观和统一的桁架结构来呼应传统工厂和高迪华丽的建筑印象。通过创新智能材料的运用及 CAD/CAM

外观二

数字设计制造流程，使建筑物通过应用伸缩自如的薄膜产生气候调适的作用，非常具有仿生的特点，同时大跨度结构设计也使室内空间具有极大使用弹性。

TIC 媒体大厦采用了 ETFE 膜材作为立面材料。这种特殊薄膜的充气垫单元能过滤紫外线，并能阻挡热量。夏天，传感器启动表层 ETFE 膨胀，阻挡紫外线的穿透及户外炽热的阳光，以保持室内的舒适，更有效减少 55% 的 $CO_2$ 排放；冬天则相反，ETFE 薄膜会展开吸收太阳光，以提高室内温度。整个过程只需要 3 分钟。

外观三

建筑主要使用了 4 种动态的气垫类型。第一种气垫为三层式并附有气动式遮阳功能，可将太阳能透射率调整为 65% 及 45% 两种模式。每一个气垫都能独立与光感应器产生联动作用，都能智能操控；第二种为双层气垫，外层印有银色圆点，内层则为绿色调的 ETFE 薄膜。透射率约为 55%；第三种为双层气垫，外层透明，内层为绿色调的 ETFE 薄膜，太阳能透射率约为 65%；第四种为双层气垫，外层透明，内层部分除了圆点以外，其余均打印为银色，太阳能透射率约为 50%。尤其是西南向的立面采用将氮气注入气垫的遮阳系统，并控制氮气的密度，以提供可变化的遮阳功能。

TIC 媒体大厦能减少 95% 的 $CO_2$ 排放，几乎是一座零能耗建筑，因此获得了 “2011 年度世界建筑奖”，并获得了 LEED 金牌认证。

外观局部一

内景一

内景二

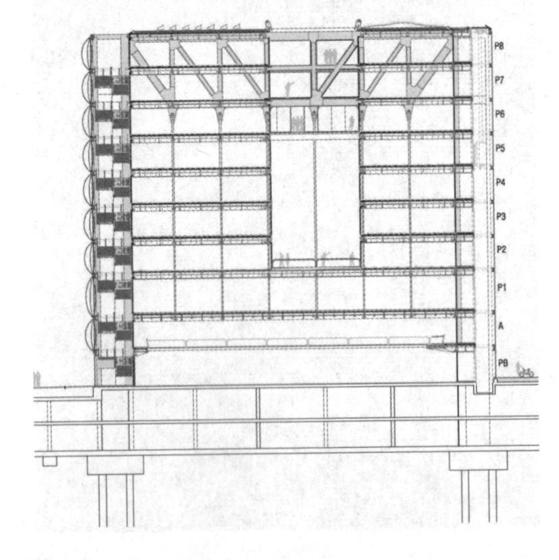


剖面图

鸟瞰图

节点二

节点一

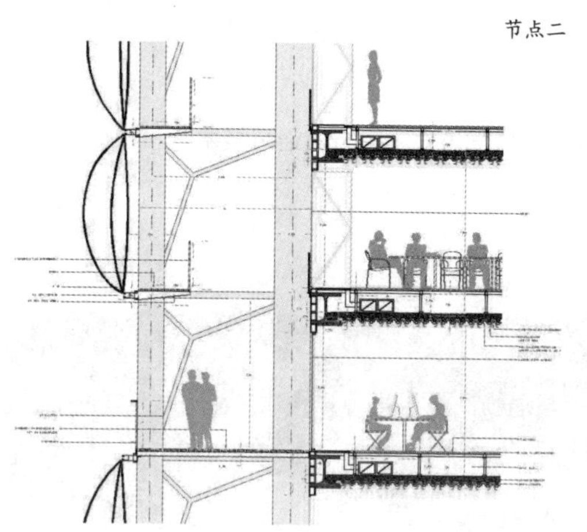

节点三

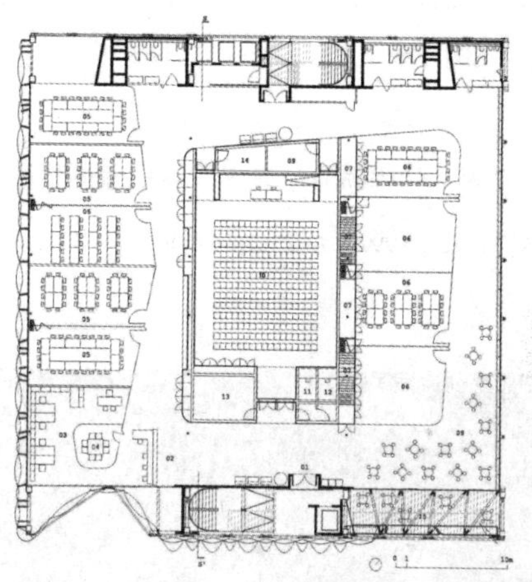

平面图

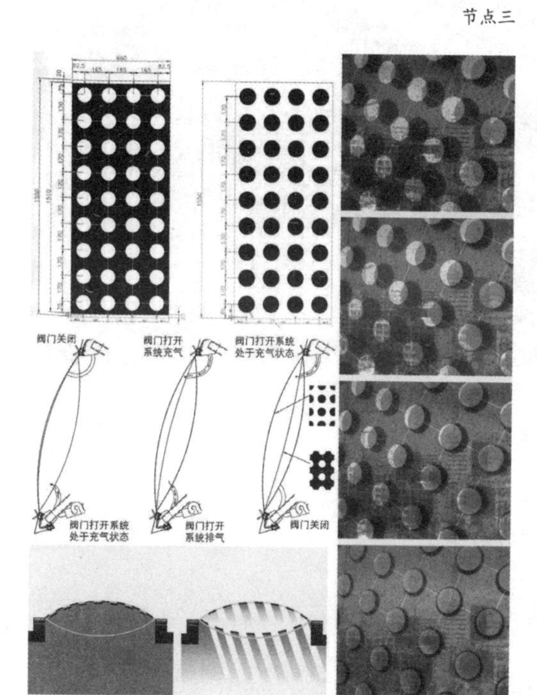


节点四

外观局部二

# One Ocean
# 丽水世博会主题馆

建筑性质：展览建筑

建筑设计：Soma 建筑师事务所

建筑地点：韩国，丽水

建筑面积：6918 $m^2$

建筑时间：2012 年

主要绿色技术：仿生动力学表皮、海水源热泵技术、光伏发电技术、自然通风技术

图片来源：http://www.archdaily.com

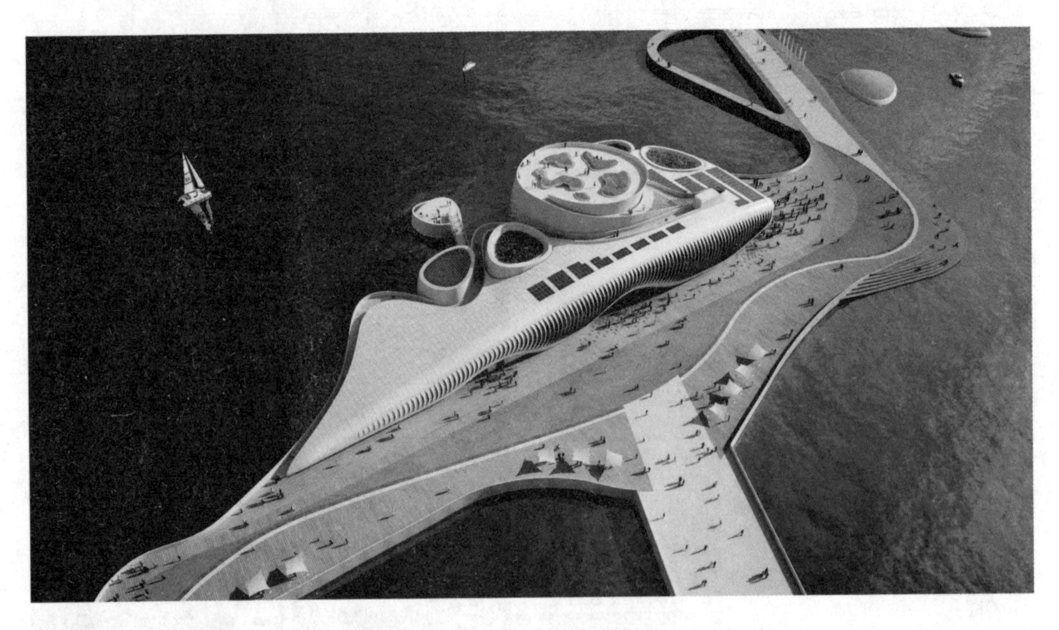

鸟瞰图

矗立在工业码头旧址上的韩国世博会主题馆由 Soma 建筑师事务所设计，旨在体现 2012 世博会的主题——生机勃勃的海洋和海岸，并给参观者以多层次的建筑体验。人们将以两种方式来体验展馆：一是通过连续的表皮来感知海洋的无垠，二是沉浸其中来感受海洋的深邃。

除了极具动感的鱼状外形外，建筑的仿生动力外表皮效果尤其惊艳。鱼鳃状仿生外表皮总长约 140 m，由 108 片运动玻璃

外观一

纤维增强聚合物（玻璃钢）薄片组成，每片高3 ~ 13 m。薄片同时具有高抗拉强度和低抗弯刚度，能够实现大幅可逆的弹性变形。运动薄片在顶部和底部驱动器的驱动下移动，引发的压缩力产生复杂的弹性变形，这种变形的特性和生物运动机制能使薄片实现灵活的运动。薄片的驱动器是由伺服电动机驱动的螺杆，由计算机控制的总线系统使驱动器实现同步。它们减少了两个轴承之间的距离，并以这种方式产生弯曲，使薄片实现侧旋转。每个薄片分别以特定的逻辑运动，以显示不同的编排和运作模式。仿生薄片的材料性能使结构、运动和光线之间相互影响：单个薄片越长，开启的角度越大，室内受光照影响的面积越大。除了具有控制内部光照作用外，表皮还能产生连续运动模式，包括从细微的局部运动到整个表皮的起伏。仿生运动外表皮不仅为参观者带来了动人、感性的体验，同时创新和生态的理念也与世博会的主题契合。

设计还针对当地气候特点最大限度地利用自然通风、海水源热泵和光伏发电技术等，被认为是韩国最具创新性和可持续性的建筑之一。

外观二

外观局部

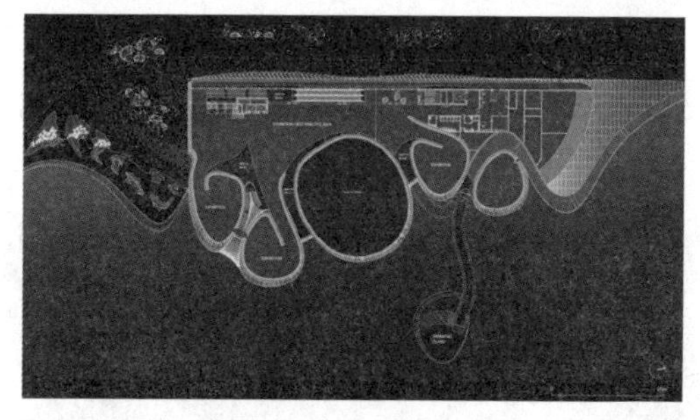

总平面图

# 20 Unit Multifamily Housing
# 20 户住宅

建筑性质：居住建筑

建筑设计：Narch 建筑师事务所

建筑地点：西班牙，巴塞罗那

建筑面积：3500 $m^2$

建筑时间：2008 年

主要绿色技术：滑动穿孔铝板、自然交叉通风、太阳能热水

图片来源：http://www.archdaily.cn/cn/620361/man-lei-sha-ba-sai-luo-na-20hu-zhu-zhai

外观一

位于巴塞罗那曼雷沙的 20 户住宅由 Narch 建筑师事务所设计。建筑地上 6 层、地下 1 层，其中一层为商用，其余五层为住宅，地下室为停车场和储藏室。

建筑平面为规整的正方形，中心为交通空间，各居住单元则围绕中央交通核排列。各户起居室位于建筑四角，开敞的转角处理与立面的构成相呼应。

建筑的主要特色是整个立面都应用了连续滑动的遮阳系统。

建筑局部一

外观二

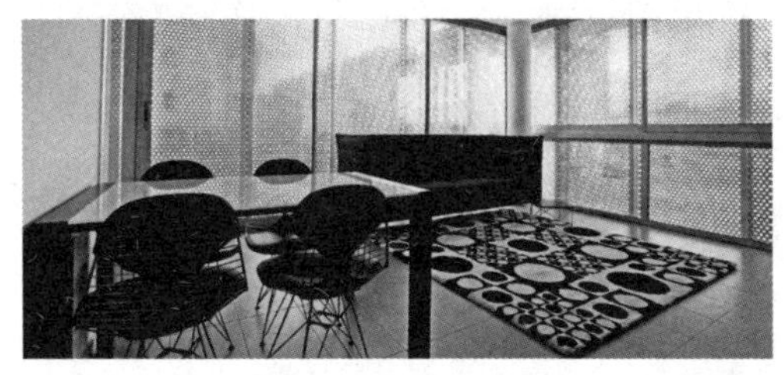

内景

建筑局部二

400 张 3 mm 厚的亚光阳极氧化银穿孔铝板构成了建筑的第二层外皮，创建了一个轻质、光亮而又简洁、无形的边界，令建筑变得飘渺而灵动。穿孔遮阳板可以沿整个立面滑动，这样，既能在冬季充分利用太阳能，使 80% 以上的住户都能直接照到太阳，还能在夏季实现遮阳和自然交叉通风。同时，通透、半通透的表皮组合在白天使建筑内部光线充盈，充满活力，到夜晚又使建筑如同朦胧的发光灯箱。这种处理既能使室外景观渗透进室内，还能遮挡视线，保护使用者的隐私，另外还获得了一个能随用户需求而改变的开放式立面体系。所以，薄薄的穿孔表皮一方面起到保持建筑内部微气候的平衡作用，另一方面还建立了均匀、理性而流动的统一整体。虽然建筑整体简单，但由于每层错位设置的不同颜色钢制阳台，加上居民的不同使用状态，使简单的形体充满了丰富的光影、虚实变化和不确定性。

另外，建筑还采用了可再生材料、太阳能热水器和灯光传感器等绿色技术产品。

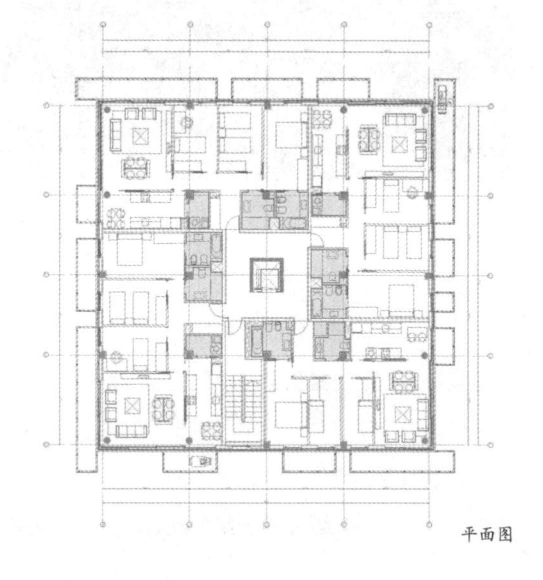

平面图

# 30 Unit Multifamily Housing Building
# 30户住宅

建筑性质：居住建筑

建筑设计：Narch 建筑师事务所

建筑地点：西班牙，巴塞罗那

建筑面积：4500 $m^2$

建筑时间：2009 年

主要绿色技术：滑动遮阳技术

图片来源：www.archdaily.com

外观一

建筑地上 6 层，地下 2 层，地上部分为住宅，地下部分主要为商业、停车和储藏空间。建筑师以“自由的居住环境”为主题进行设计，为居民提供了无限的空间可能性，使居民有机会可以创造性地设计属于自己的不同的生活方式。

建筑每层的南侧均为连通式阳台，阳台外侧采用可滑动的磨砂玻璃板，这种处理应用于整个建筑南立面。连续、不规律布置

外廊内景

外观二

通风分析

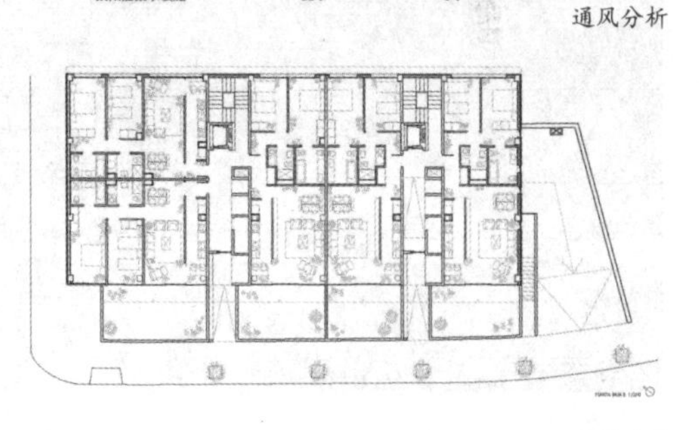

一层平面图

的半透明玻璃隔板使建筑在白天产生丰富的光影和动感变化，而在夜间室内照亮时，又使建筑变成了一个朦胧的动态照明箱，给建筑带来了多种可能性。住宅室内与南面阳台直接连通，使用者可根据生活习惯、空间、采光和通风的需求，对外侧玻璃隔板进行左右滑动。从外部看，隔板沿整个立面横向滑动，产生流动和均匀的立面景观；而从内部看，活动的遮阳隔板创造了一个干净、自由、流动和灵活的空间。

建筑表皮采用非常轻盈的半透明材质，既具有良好的遮阳效果，还能引入阳光加强室内外联系。而在建筑表面形成的随时变化的连续整体，像是给建筑蒙上一层薄纱，使其更具神秘感，同时也保护了居住者的隐私，提升了舒适感。

建筑夜景

# Kuggen Office Building
# Kuggen 办公大楼

建筑性质：办公建筑

建筑设计：Wingårdh Arkitektkontor

建筑地点：瑞典，哥德堡

建筑面积：5350 $m^2$

建筑时间：2011 年

主要绿色技术：智能旋转遮阳板

图片来源：http://openbuildings.com；http://www.archdaily.com

外观一

Kuggen 办公大楼是一个位于瑞典哥特堡的绿色环保办公建筑，目的是给人们提供更多交流的机会。建筑一、二层是科学园，三层为公共空间，四、五层主要为出租办公室。

建筑平面以圆形布局为主，逐层向外倾斜的建筑外形受到了树叶锯齿状边缘的启发，并创造了一种三维效果的建筑立面。这座建筑由若干重复的图案楼层组成。每层空间都轻微地从中心向

外观二

外廊内景

外倾斜，为下层空间提供遮蔽，最终建成的建筑每层都平均扩展 1500 mm。最上层则根据太阳照射的轨迹设置了智能旋转的网状遮阳板。

三角形的窗户能将阳光引入到最需要光线的地方，并通过天花板照射到建筑核心筒的最深处。光滑陶土板的图案根据观看角度的不同和日光照射的变化而呈现出不同的外观效果。红色参考了码头和港口常用的工业漆的颜色，其中还不时夹杂着一些绿色作为对比色，就好像是秋天的树叶。这些细节使建筑的每一面都有不同的特点，并随着一天中时间的不同而不断变化。

建筑内安装了人体感应控制照明和通风系统，这使能耗只用在真正需要的地方。这样的设计使得建筑每年能耗总量低于 55kW·h/m$^2$。这使建筑获得了 MIPIM 可持续发展奖（2009）。

建筑局部一

外观三

建筑局部二

外观四

建筑局部三

建筑局部四

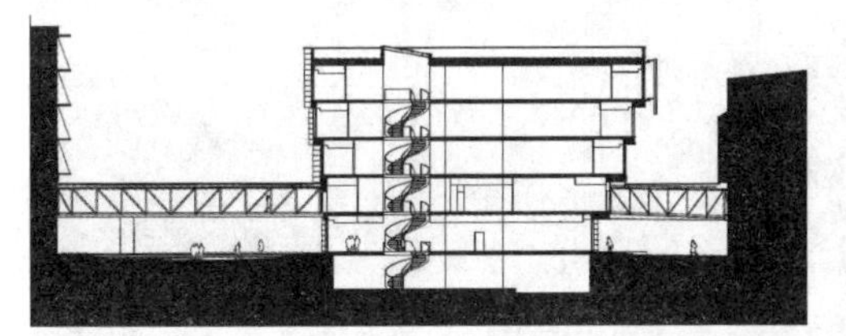

剖面图

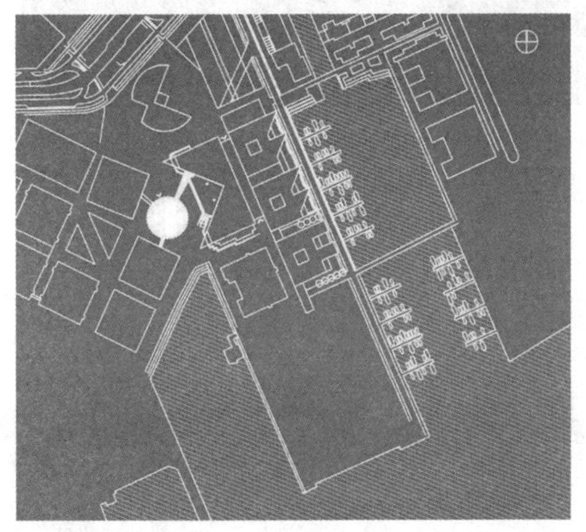

总平面图

旋转楼梯

# Bessancourt Passive House
# 贝桑库尔被动房

建筑性质：住宅建筑

建筑设计：Karawitz 建筑师事务所

建筑地点：法国，贝桑库尔

建筑面积：177 $m^2$

建筑时间：2009 年

主要绿色技术：动态遮阳技术、光伏发电技术

图片来源：http://www.archdaily.cn；

http://www.chinagb.net/lunwen/jienenggaizao/20131112/101648.shtml

外观一

建筑位于靠近巴黎的贝桑库尔，是一座被动式节能房屋，也是巴黎地区第一座“被动房屋研究所”认证的建筑。

从美学角度看，这座建筑形式极为简洁，就像传统住宅的一个抽象化复制品。为了减少热量损失，这座房屋东、西、北面是封闭的，而南面则完全开放，这样可以充分吸收、利用太阳能。装在屋顶的太阳能光电板可以提供 2695KW · h/a 的能量，使这所房子成为一座符合法国标准的能源自给型建筑。

外观二

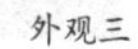

外观三

外观四

这座建筑主要使用实木板材把结构框架包裹起来，外层表皮则使用了天然竹子材料，它会随着时间流逝而渐渐变成灰色，这种做法是从法兰西岛地区一些传统谷仓那里吸取灵感并设计的。沿南侧有一个金属栅格的狭窄过道，它同时作为阳台和折叠式百叶窗的安装支架。统一规格的百叶窗安装在南面的大落地窗外部，为房屋提供阴凉和阳光。百叶窗可根据特定的气候条件和用户模式由用户自行打开或闭合，能提供最佳的日光，形成舒适的室内外环境和变化统一的立面效果。

地面是这座建筑中唯一的混凝土部分，整个结构由可组装的交叉复合木材（CLT）制作而成，这些板材都是在工厂预制的，可直接运到工地现场进行组装。纤维素和木纤维作为隔热材料，石膏板、生物漆作为内部装修材料，整个外墙传热系数 U 值达到 0.14W/(m$^2$·K)。

建筑局部一

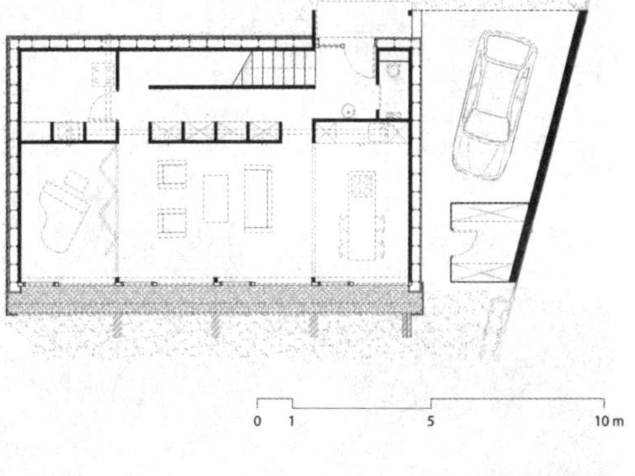


一层平面图

外观五

内景一

内景二

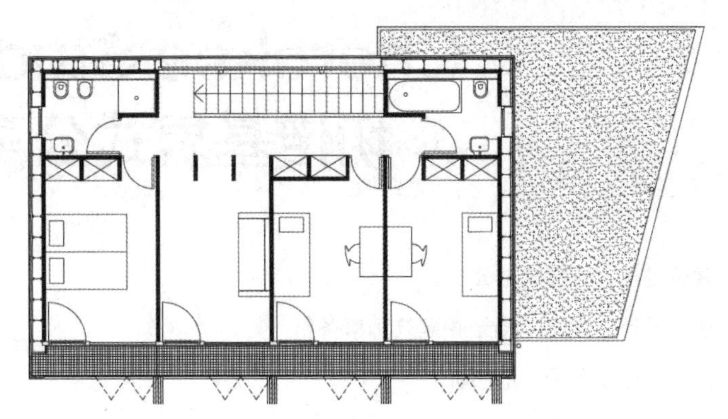

二层平面图

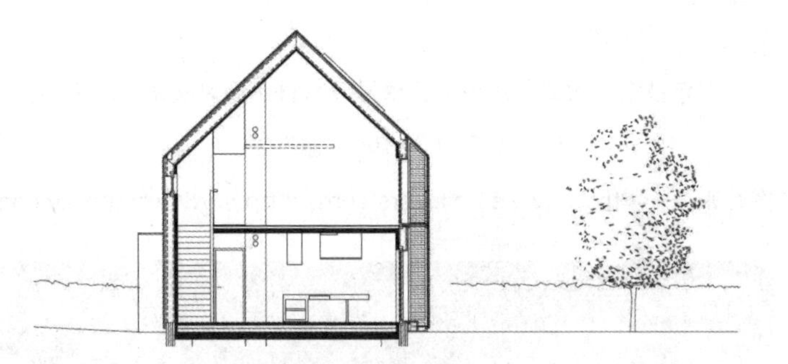

剖面图

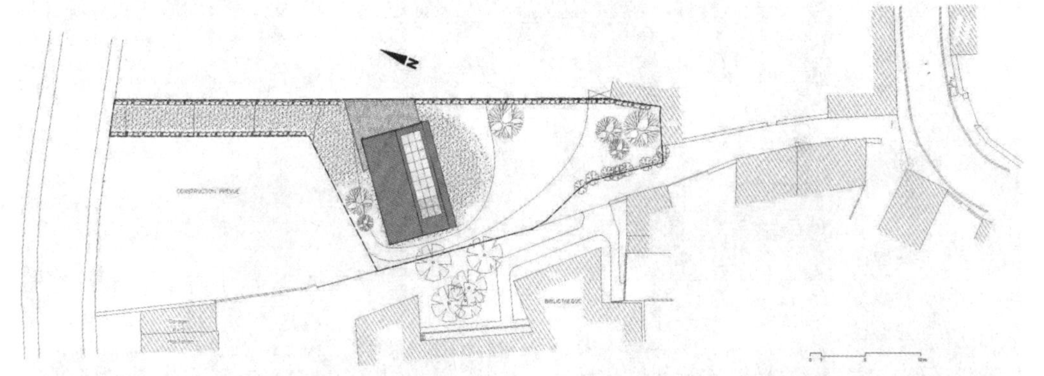

总平面图

建筑局部二

建筑局部三

# Cherokee Studios
# 切诺基复式公寓

建筑性质：公寓式办公

建筑设计：皮尤 + 斯卡帕建筑师事务所

建筑地点：美国，洛杉矶

建筑面积：1905 $m^2$

建筑时间：2010 年

主要绿色技术：被动散热技术、诱导浮力自然通风技术、立面穿孔铝板遮阳、雨水收集、拆迁废物回收、VRF 空调系统

图片来源：http://www.archilovers.com；http://www.archdaily.com

外观一

切诺基复式公寓是美国南加州第一个获得 LEED 金牌认证的混合功能建筑。该建筑由多个复式单元构成，各单元面积从 92.9 $m^2$ 到 185.8 $m^2$ 不等，主要包括厨房、客厅、浴室和家庭录音工作室 / 办公室等空间。

建筑在方案阶段便结合当地气候考虑了完善的被动式设计策略。主要包括：建筑选址和朝向考虑太阳能利用和隔热，根据盛行

建筑局部一

风风向考虑建筑的造型和朝向，设计建筑形体时考虑热压通风及风压通风，保证最大化的天然采光，南向窗户的遮阳及最小化西向开窗，最大化自然通风，利用低流速装置收集雨水，设计内部平面以加强自然采光和自然通风。这些被动式措施使得该建筑是传统设计的类似结构建筑所消耗能源的 40%。

建筑东、西、南立面是由折叠式的穿孔铝板构成的双层表皮结构，塑造了一个具有较强韵律感同时又不断变化的立面，使建筑的整体感和几何感得到增强。双层表皮还具有遮阳降温、减少噪声和增强私密性的效果，另外还具有了观景、自然采光和通风作用。因为即使所有的穿孔板都关闭，来自海面的微风依旧可以通过穿孔吹进建筑，而明亮的阳光也能透过穿孔板照射进来产生视觉深度，为居住者创造一种安全感。

建筑的使用者可以根据需要灵活控制双层立面表皮，通过让业主按照自己意愿控制表皮，表皮在视觉上活了起来，并且反映出了业主每时每刻在建筑内的活动。这个立面同时也增加了街道景观的活力和变化，加强了室内外环境的交流。

建筑还大量应用了其他绿色技术及产品：包括高效的水暖系统、照明系统、VRF 空调系统、电器回收，以及 Low-E 玻璃、Low-VOC 产品和可再生材料等。

公共交通空间

建筑局部二

阳台内景

外观二

外观三

外观四

外观五

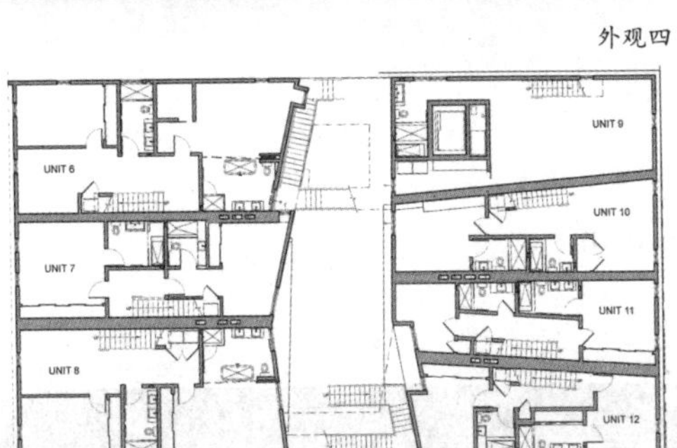


平面图

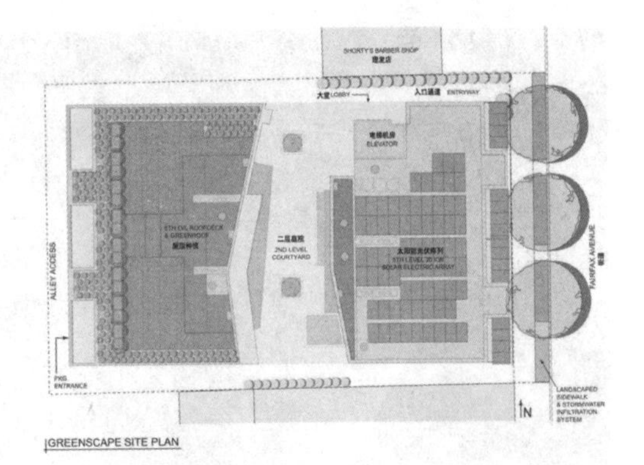


总平面图

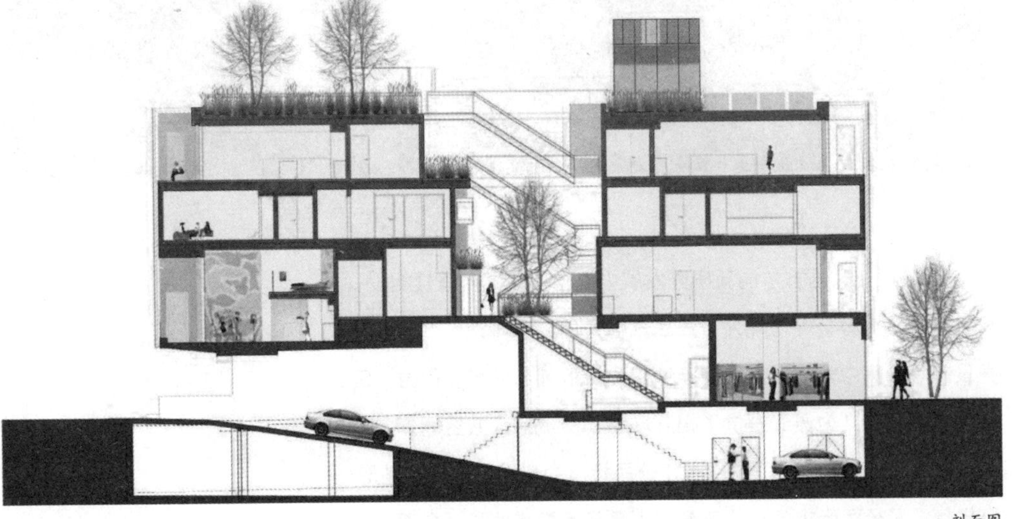

剖面图

# CJ Research Center
# CJ 研究中心

建筑性质：办公建筑

建筑设计：Yazdani 工作室

建筑地点：韩国，首尔

建筑面积：13500 $m^2$

建筑时间：2011 年

主要绿色技术：动态遮阳表皮、穿孔金属板构件

图片来源：https://yazdanistudioresearch.wordpress.com

鸟瞰图

CJ公司在韩国首尔的新研究发展中心由四座高层塔楼组成，除主要的研究办公等功能外，还包括健身房、咖啡馆、餐厅和儿童设施等，集中式的研发设施能增加员工的创新和协作能力，5层的玻璃中庭则为员工提供了相互联系和交流的公共空间。

整个建筑的设计是受到了 CJ 公司标志的启发。三个椭圆形塔楼模拟了公司标志的三片花瓣，项目将遮阳构件和整个建筑的

总平面图

造型相结合设计，最终形成充满未来感的动态遮阳解决方案。

Yazdani 工作室开发的“动态表皮”可以同时响应用户的需求和外部环境条件。表皮采用了可上下折叠的穿孔金属板，环绕整个建筑，根据阳光的强度和角度，金属板可通过机械开合来遮挡阳光，其工作原理类似于折叠伞的机械运动。这项技术有助于调节温度，最大限度地利用自然光源并节省采暖费用。穿孔金属板的使用使得自然光可以穿透表皮照射进来，所以大部分的工作台和公共区域都位于建筑外边缘，而需要严格控制光线的实验室空间则位于建筑深处。

穿孔金属板可以独立移动、两两移动或三个一组移动，这就使得建筑物不同朝向的遮阳板可以独立开启或折叠。例如在上午或下午阳光充足的时间里展开形成阴影以消除眩光，而照不到阳光的另一侧遮阳构件则可以打开，这使整个建筑物立面具有波纹状的效果。

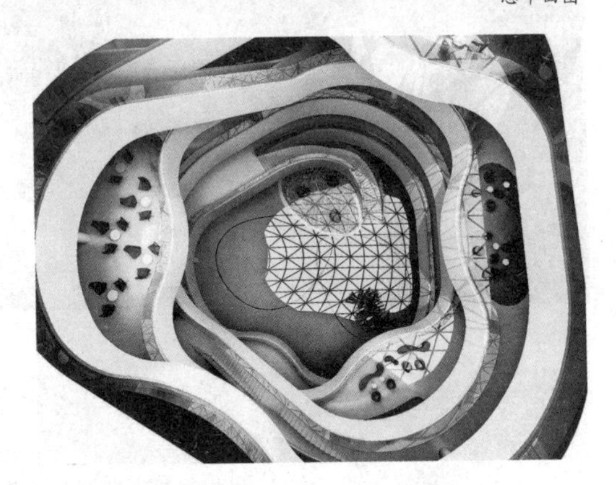

中厅内景

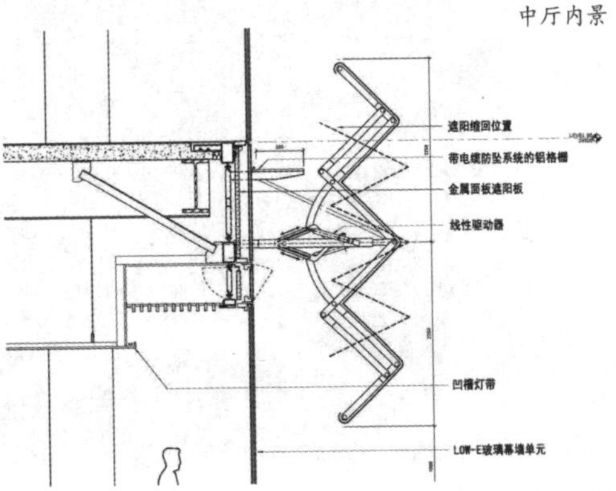

遮阳缩回位置
带电缆防坠系统的铝格栅
金属面板遮阳板
线性驱动器
凹槽灯带
LOW-E玻璃幕墙单元

表皮活动单元大样

外观一

外观二

外观三

内景一

内景二

建筑局部

# Kiefer Technic Showroom
# Kiefer 技术展示厅

建筑性质：展览兼办公建筑

建筑设计：Ernst Giselbrecht + Partner ZT GmbH

建筑地点：奥地利，巴特格莱兴贝格

建筑面积：545 $m^2$

建筑时间：2006 年

主要绿色技术：动态表皮

图片来源：http://www.archdaily.com

外观一

Kiefer 技术展示厅是一个办公加展示的建筑。建筑师以创造更多灵活的展示空间为目的，同时其塑造的千变万化的立面形象也给这个规模不大的建筑带来无数赞誉。

建筑的特色在于其弧形外墙的处理上。外墙采用双层表皮结构：内层是玻璃幕墙，外层为 112 片白色铝合金薄板。这些薄板根据建筑层数又分为上下两层，每 4 个一组，安装在垂直的不锈

外观二

建筑局部

钢导杆上。每组薄板又两两组合，分别独立控制朝上、下以折叠方式移动。整个系统通过 56 个电动机和一个智能控制系统控制，可以在 30 秒钟内使立面完全打开。这样，外层表皮就可根据使用者需求和天气的变化灵活调整以保持室内环境的舒适。立面开合以连续的方式进行调节或重新编排，这使表皮变换犹如电影一样奇妙。所以，动态的外层薄板不仅具有遮阳、调整光线等作用，而且可以实现无数种造型组合，使建筑在每一天、每一小时都处于变化之中，是当之无愧的动态雕塑。

该建筑获得 2008 年奥地利建筑奖。

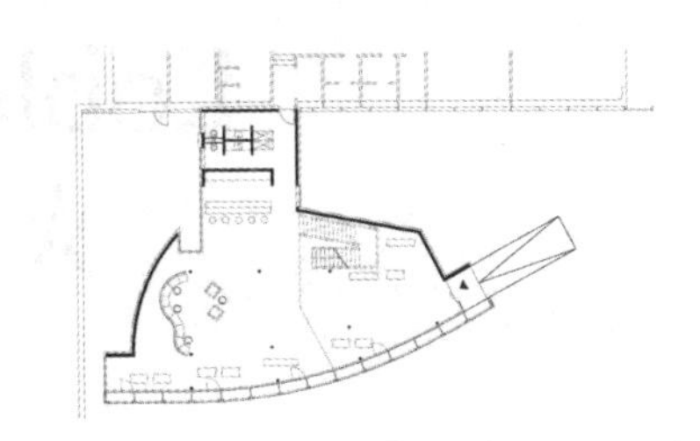

平面图

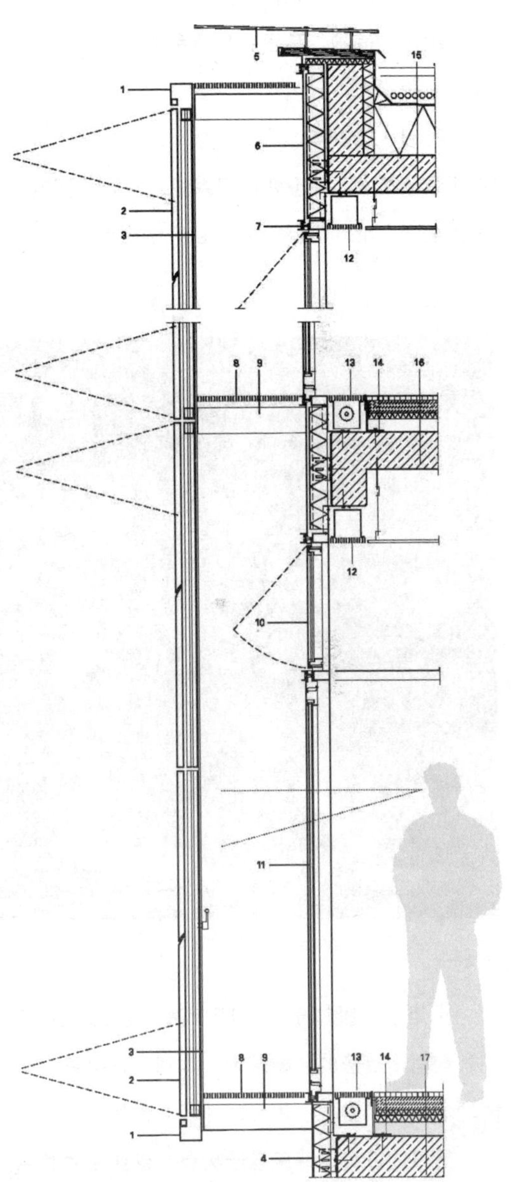

墙体大样图

# Loblolly House
# 火炬松别墅

建筑性质：居住建筑

建筑设计：基兰·廷伯莱克

建筑地点：美国，马里兰州泰莱斯岛

建筑面积：204 $m^2$

建成时间：2006 年

主要绿色技术：动态外遮阳系统、工业化预制技术

图片来源：http://kierantimberlake.com

外观一

火炬松别墅位于泰莱斯岛海湾边上一片郁郁葱葱的松树林内，前面是茂密的盐碱草地、大海、地平线、天空和落日。设计的理念就是尽量减小建设对环境的影响。

建筑的设计灵感来自于树屋。这座由木柱架空的房子完美诠释了原始居住空间的内涵，它也因此而得名。设计师用倾斜的柱状桩基础来模拟森林的形式，并完美地将自然元素融合到建筑中，

周围环境

外观二

相应对建设场地的破坏也最低。另外还大量应用预制构件来减小对环境的影响。常规建设往往是各种材料被运送到施工现场然后拼装在一起，建设过程会不断对环境造成破坏，同时提高了建筑造价。相比之下，火炬松别墅把整个建筑分成 4 种工厂预制构件：铝结构框架、集成楼板、整体卫浴模块和围护构件单元。供暖、供水、通风和电力等系统都预先集成到地板和天花板模块组件中，通过螺栓和铝结构框架连接在一起。卫生间和设备用房模块也都集成所有所需功能构件。围护构件单元包括外墙的墙板和门窗、遮阳构件。通过应用 BIM 技术，每部分组件在设计阶段都做得非常详细，使各部分之间完美衔接。组件在工厂建造，通过铝框架结构支撑和连接。由于应用预制构件的原因，传统建设必须按顺序施工的做法在本项目中则可同步进行，这样 6 周时间就能完成整个建设。

建筑局部

西侧立面采用双层表皮结构，外层的动态遮阳板为半透明的聚碳酸酯板，材料具有和玻璃相同的热性能，但重量较轻。遮阳板可以上下折叠活动，住户可以根据自己的需求自由调整自然光的射入，避免过多光线和热量进入。

建筑获得美国建筑师协会奖、美国建筑师协会居住建筑奖等多项大奖。

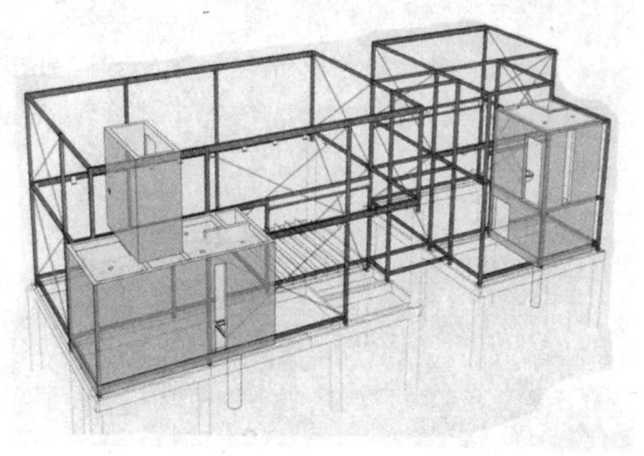

结构组成

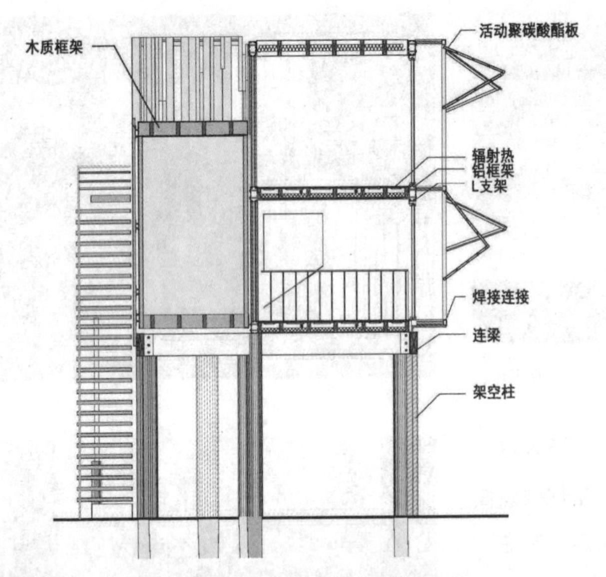


剖面图

内景一

外观三

外观四

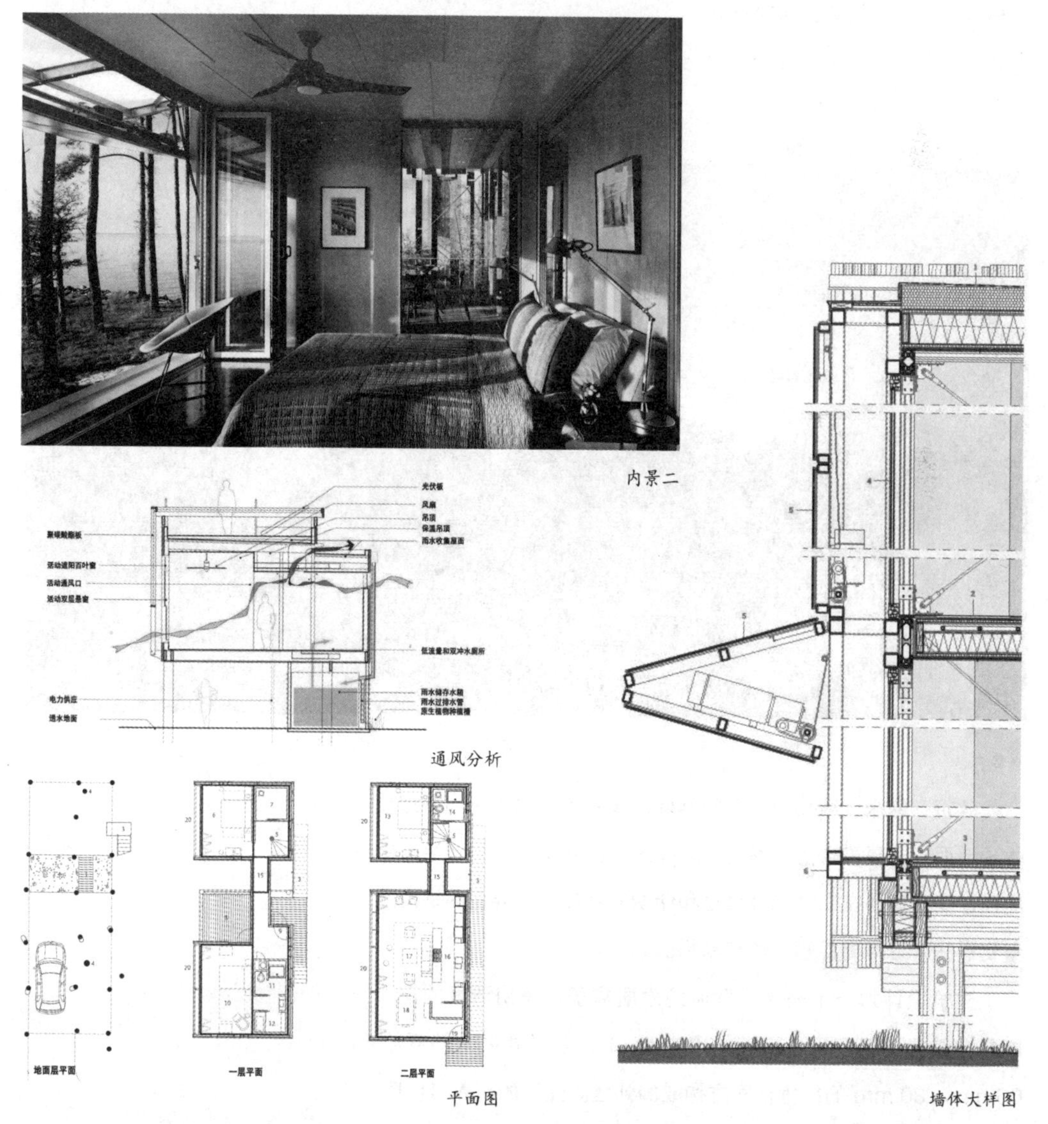


内景二

通风分析

平面图

墙体大样图

# Petting Farm
# 宠物农场

建筑性质：科研建筑

建筑设计：70F 建筑师事务所

建筑地点：荷兰，阿尔默勒市

建筑面积：126 $m^2$

建成时间：2008 年

主要绿色技术：折叠式活动百叶

图片来源：http://www.archdaily.com；http://www.madera21.cl

外观一

建筑在原来一座烧毁建筑的基础上参考当地的传统和制造技术建造而成。建筑功能一半是马厩并贯穿二层空间，另一半是由厕所、储藏室和在二楼的办公室和储藏室组成。主要目的是为儿童提供一个近距离接触自然和动物的场所。

建筑设计为一个简单、低调的木质盒子，采用清晰的钢、木复合结构框架（100 mm × 200 mm），盒子外面全部覆盖 60 mm × 30 mm 的红雪松木方构成的外墙。建筑的出入口材质

外观二

外观三

与立面一致，隐藏在外立面中，但有6个百叶窗。其中两个在房子的短边供公众使用，另外4个供动物使用，分布在建筑的2个长边。这些折叠式百叶窗将在上午太阳升起时手动或自动打开，而在一天结束时关闭。这种开闭的变化一方面给建筑带来表情和光影的变化，另外动物们还很容易养成定时回到建筑内的习惯。建筑的上半部分为通透式百叶外墙，这一方面使建筑能一直保持通风，另外到了晚上，建筑内散发出的灯光又使之成为公园里的一盏明灯。

建筑以其清晰的结构、诗意的建造获得2009年巴塞罗那世界建筑奖和2010年阿尔梅勒建筑奖。

内景

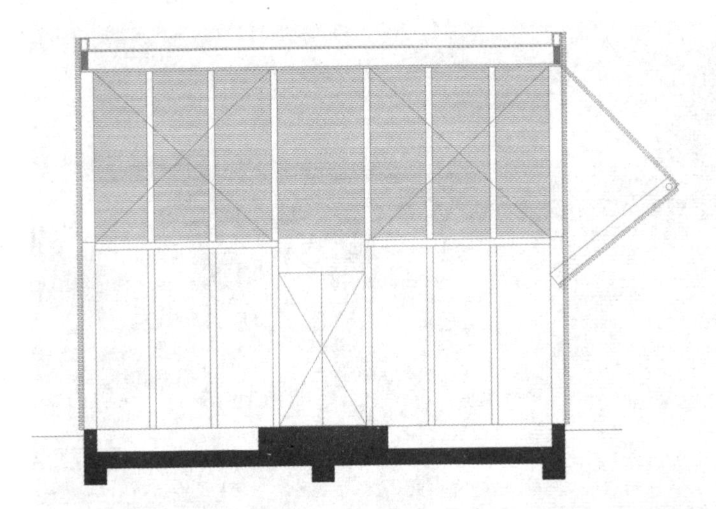

剖面图

夜景一

夜景二

建筑局部一

建筑局部二

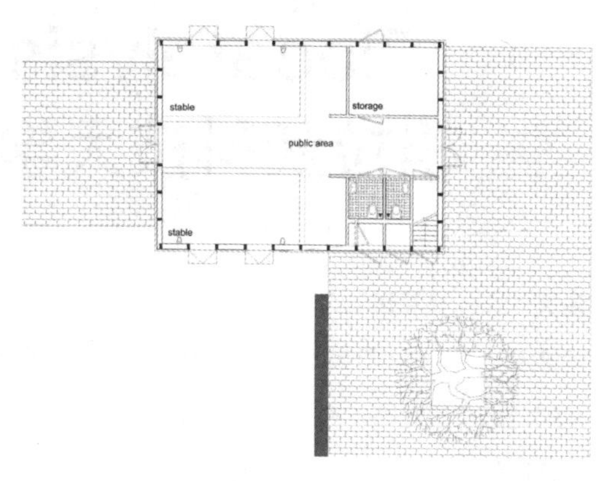


平面图

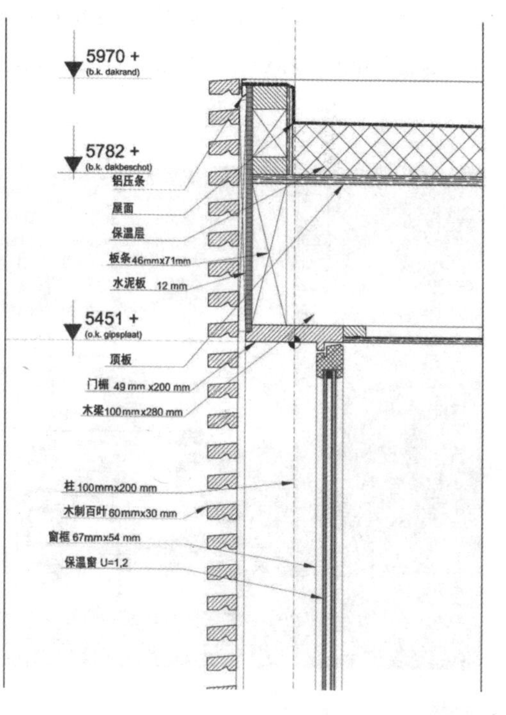


墙体大样图

建筑局部三

# Biocatalysis Lab Building 格拉茨科技大学生物催化实验室

建筑性质：教育建筑

建筑设计：Ernst Giselbrecht + Partner ZT GmbH

建筑地点：奥地利，格拉茨

建筑面积：4420 $m^2$

建筑时间：2004 年

主要绿色技术：双层表皮、混凝土芯活化通风系统

图片来源：http://www.e-architect.co.uk；http://worldarchitecture.org

外观一

项目位于格拉茨科技大学的校园内，是一栋六层的建筑，主要功能包括研究室、实验室和办公室。设计师希望通过新建筑对周边区域起到重组作用，所以，设计采用了清晰的建筑形体来增强与已有化学楼和生化楼在功能及建筑上的联系。

建筑的特色在于南立面的双层动态遮阳表皮。表皮内层为玻璃幕墙，外层是可折叠的遮阳构造，中间为 1 m 宽的空腔。遮阳板采用穿孔氧化铝板，可折叠的处理使表皮具有动态的特征。遮阳穿孔板的运动形态类似于中国的屏风，在遮阳板的上下楼板处

建筑局部

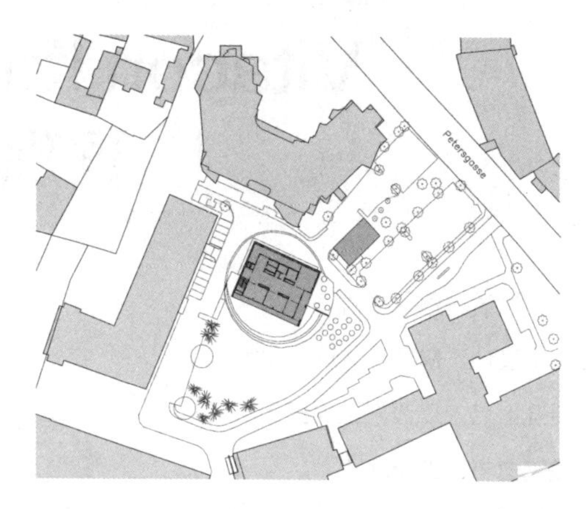


总平面图

外观二

安装有导轨，遮阳板上安装有滑轮，通过手动遮阳板实现开启和关闭。穿孔铝板的内面是多种颜色的，根据内部不同的功能设定为不同的颜色，目的是用独特的颜色赋予每个研究平台不同的个性化身份。遮阳板的不同开合状态不仅满足了冬夏两季的矛盾需要和使用者的灵活需求，还使立面处于随时的动态变化之中，使建筑的表情时而严谨，时而又充满趣味。

建筑主要通过混凝土核心的活性系统来供暖与制冷，不足部分则通过通风系统来解决。

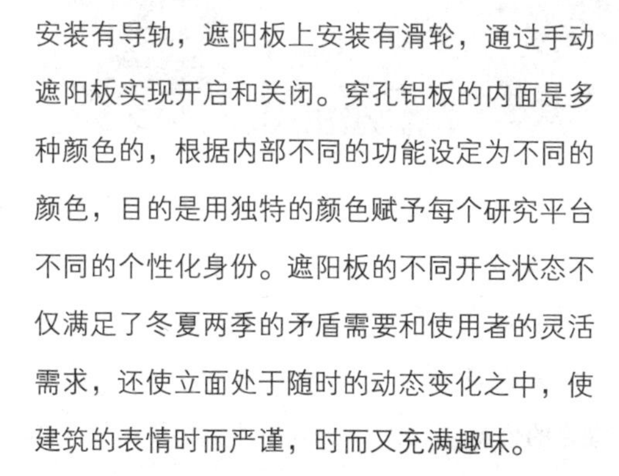

表皮内景

# Vitacon Itaim Building
# 理想住宅

建筑性质：居住建筑

建筑设计：MK27 设计工作室

建筑地点：巴西，圣保罗

建筑面积：3305 $m^2$

建筑时间：2014 年

主要绿色技术：动态遮阳面板

图片来源：http://www.archdaily.com

外观一

项目位于巴西圣保罗市，由 MK27 设计工作室设计。建筑共 13 层，每层一户，内部共 10 套公寓，其余为公共设施等。建筑通过对材料、植物和墙面的使用，创造了一个动态、活泼的建筑形象，为住户提供了一个舒适、多功能又与外部充分融合的公寓。

公寓楼外形朴素、简洁，各层设计方法相同，除南、西向为实体混凝土墙面外，北向（向阳面）和东面均为简洁的出挑水平

外观二

外观三

楼板线条和垂直边线构成基本框架，使每层均有良好的遮阳效果和虚实变化。建筑北侧布置卧室，外立面围护结构为双层结构，外层为折叠式穿孔木质面板，使内部居住空间形成荫蔽效果。居中者可根据他们对自然光照的需求，通过打开或关闭遮阳木质面板创造最舒适的生活环境。外部的木板方形孔能在满足遮阳的同时仍然具有通风效果。建筑东侧布置客厅和餐厅，转角处设置阳台，落地的玻璃窗增加了室内与周围环境的联系，3 m×3.7 m(长 × 宽)的阳台扩大了客厅的生活空间。而东侧立面外设有一块木制滑动面板，既可以遮阳，又可以保护隐私。建筑南、西两个面采用了混凝土去模拟一种砖石砌筑的肌理，并具有粗野主义的效果，与前面的木质穿孔板形成色彩和质感的鲜明对比。

所以，动态穿孔木质遮阳板的加入塑造了灵动、舒适和功能完美统一的建筑形象。

外观四

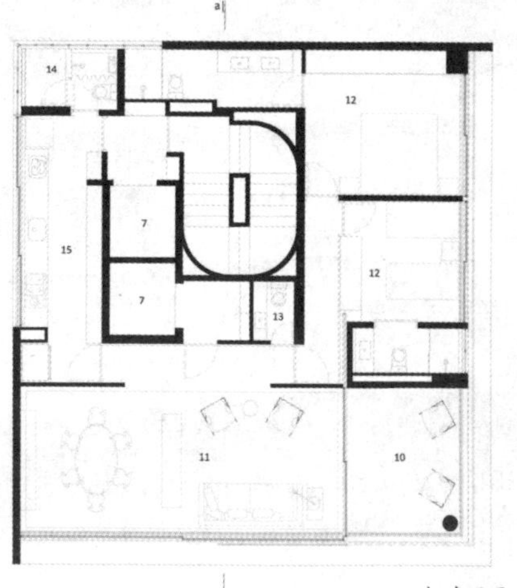

标准层平面图

内景

建筑局部一

建筑局部二

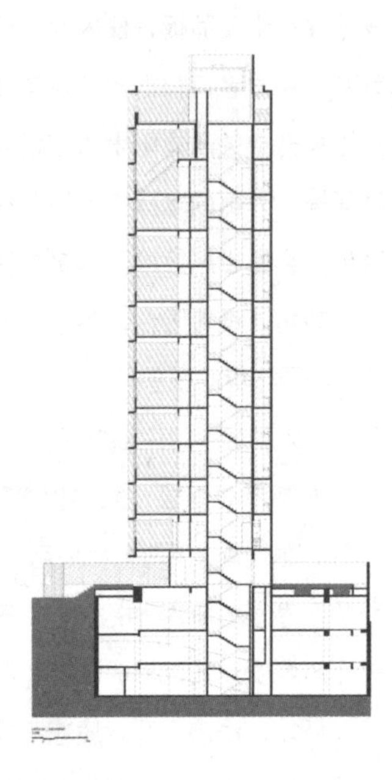

剖面图

建筑局部三

不同开启状态

建筑局部四

# Green Energy Laboratory
# 绿色能源实验室

建筑性质：教育建筑

建筑设计：Archea 建筑师事务所

建筑地点：中国，上海

建筑面积：1500 $m^2$

建筑高度：18.34m

完成时间：2012 年

主要绿色技术：太阳能集热技术、太阳能空调技术、热泵技术、太阳能光伏、风力发电、风光互补、智能电网技术

图片来源：www.archea.it；http://photo.zhulong.com/proj/detail65803.html

外观一

项目主要为研究建筑能耗与研究测试“低碳”技术的实验室。设计构思为一座简洁紧凑的建筑物，中心为一个拥有巨大天窗的中央庭院，该天窗可根据季节的变化打开或关闭，这是根据其内部分配和能源优化的功能特性所选择的一种解决方案。在冬季它具有储蓄热量的功能，而在夏天它又变身为排放热空气的烟囱。

建筑主要为二层，局部三层。一、二层为实验室、会议室和展厅等，三层为公寓。建筑的朝向、长方形的外观、外立面以及

外观二

外观三

外观四

内景一

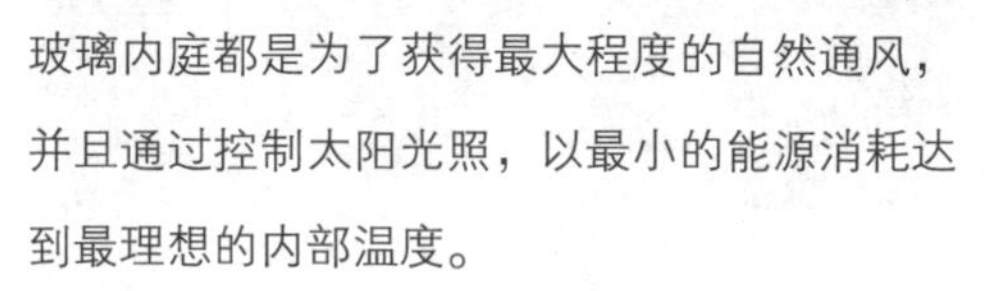

玻璃内庭都是为了获得最大程度的自然通风，并且通过控制太阳光照，以最小的能源消耗达到最理想的内部温度。

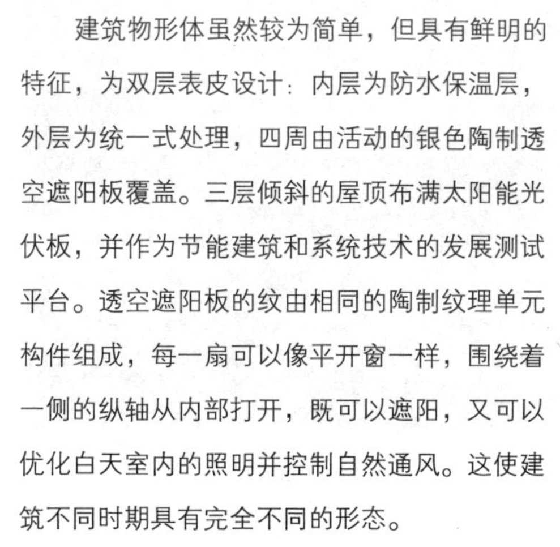

建筑物形体虽然较为简单，但具有鲜明的特征，为双层表皮设计：内层为防水保温层，外层为统一式处理，四周由活动的银色陶制透空遮阳板覆盖。三层倾斜的屋顶布满太阳能光伏板，并作为节能建筑和系统技术的发展测试平台。透空遮阳板的纹由相同的陶制纹理单元构件组成，每一扇可以像平开窗一样，围绕着一侧的纵轴从内部打开，既可以遮阳，又可以优化白天室内的照明并控制自然通风。这使建筑不同时期具有完全不同的形态。

整个绿色能源楼建筑设计和施工严格按照节能、节水、节材以及资源回收利用等原则，按照 65% 节能率设计，甚至可以输出电力，将成为一个新能源与建筑节能技术的研究和测试以及展示的平台，也将是一个高度国际化合作交流的平台。项目已获得 LEED 金牌认证。

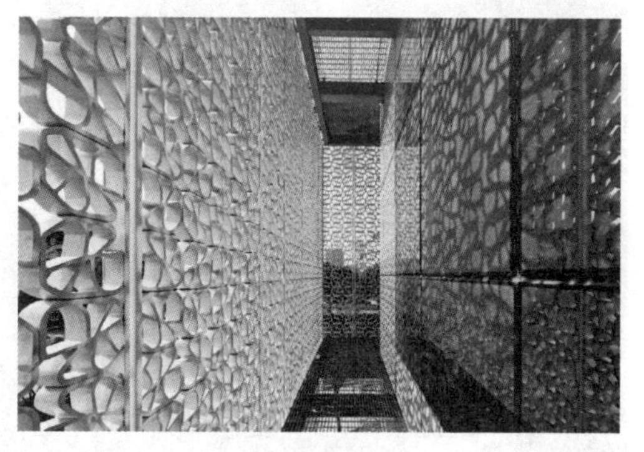

内景二

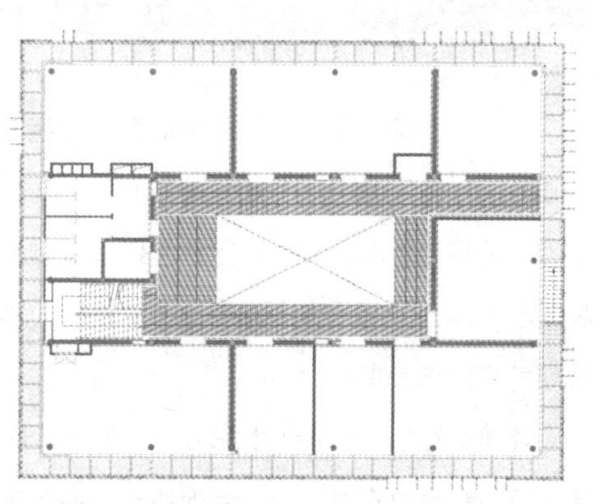

平面图

# Green Offices
# 绿色办公室

建筑性质：办公建筑

建筑设计：Lutz 建筑师事务所

建筑地点：瑞士，弗里堡

建筑面积：1299 $m^2$

建筑时间：2007 年

主要绿色技术：动态遮阳帘、太阳能集热板、木质颗粒燃炉

图片来源：www.lutz-architectes.ch

外观一

作为瑞士第一座达到节能房最高迷你能源标准“Minergie-P-eco”的公共建筑，项目获得了由联邦政府颁发的环保奖和最佳木质建筑奖，而造价也仅比普通建筑高出约 15%。设计以“开放、节能、分享”作为出发点，并从设计、施工、使用整个寿命周期角度统筹考虑。

建筑共三层，平面尺寸24.6 m×17 m。内有8家不同的公司，除了厕所和会议室有门外，其他所有的办公室都是开放式的，甚

外观二

至连各种办公用具都是共享使用的。这不仅使空间和能源利用效率得到提升，同时共享的方式也使人们之间的交流增强而利于各公司的发展。

建筑大量采用预制装配式构件和木质材料，木材全部取自附近的森林，这就避免了大规模的长途运输。建筑支撑结构由胶合木柱/梁构成，外墙、楼面、楼梯和屋面均为工厂预制并在现场组装而成，主体组装周期仅为 5 天左右。这使建造过程变得节能、环保而又经济。

建筑中的其他节能措施随处可见：木质颗粒燃炉会补充太阳能、人体热能和机器发热的供热不足；动态轻质外遮阳系统；在使用绝缘窗又充分利用太阳光的同时配备节能灯和感应灯；太阳能集热器、雨水循环回收利用系统等等。这些措施使建筑的采暖费用约为传统建筑的 10%。

建筑局部

# SDU Campus Kolding
# 南丹麦大学科灵校区

建筑性质：教育建筑

建筑设计：Henning Larsen Architects

建筑地点：丹麦，科灵

建筑面积：13700 $m^2$

建筑时间：2014 年

主要绿色技术：动态遮阳技术、光伏发电技术、水源热泵技术

图片来源：http://www.iarch.cn/thread-27424-1-1.html

外观一

建筑位于科灵中心的 Gronborg 广场，是南丹麦大学科灵校区的主要建筑，也是第一个严格符合丹麦 2015 能源目标规范的校园建筑。设计以适应气候的动态立面和等腰三角形平面为特点，创造了科灵校区在城市中的一个非常明显的新的存在。

采用三角形的平面可以和附近的科灵河共融创造宜人的户外公共空间，从而使建筑室内、校园广场和与城市空间形成互动。

外观二

同时，三角形平面也塑造出了丰富的室内空间变化。五层高的三角形中庭在不同的楼层出现多个位置变化，这样随着楼梯位置改变和不同位置的公共平台、通道营造出相互穿插、渗透的动态感。

建筑外立面配备了智能动态遮阳系统，主要为了适应每年和每天中光线和能量的随时变化。遮阳系统可以根据特定的气候条件和用户模式进行调节，以提供最佳的光线，形成舒适的室内空间环境。遮阳系统由 1600 片三角形的 3 mm 厚穿孔钢百叶窗组成，它们以特定的方式被安装在外立面，配有测量光和温度传感器的遮阳系统通过一个小型电机进行调节，使它们能够适应不断变化的气候，并控制光线和热量的流入。而随着百叶窗开闭状态的不同，这些银灰色间隔部分鲜艳色彩的穿孔钢片形成了极具表现力的外观。

在节约能源方面，设计采用科灵河水来为建筑制冷，另外还采用低能耗机械通风技术、光伏发电技术和太阳能加热板，使能源需求减少了 50%。因此，本项目获得 2015 年欧洲 LEAF 奖最佳可持续发展建筑奖和 2016 年绿色优秀设计奖。

外观三

建筑局部一

建筑局部二

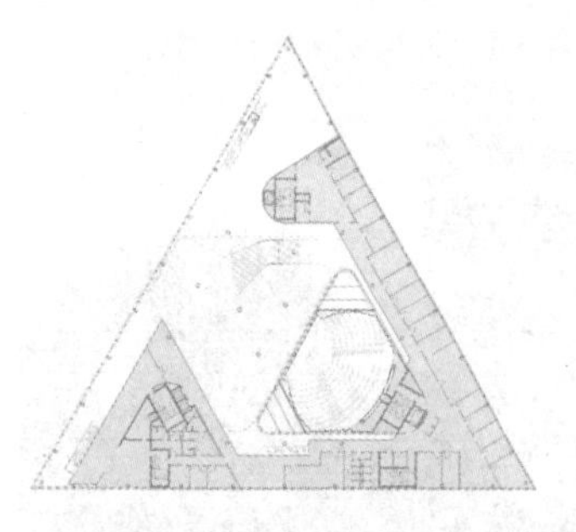
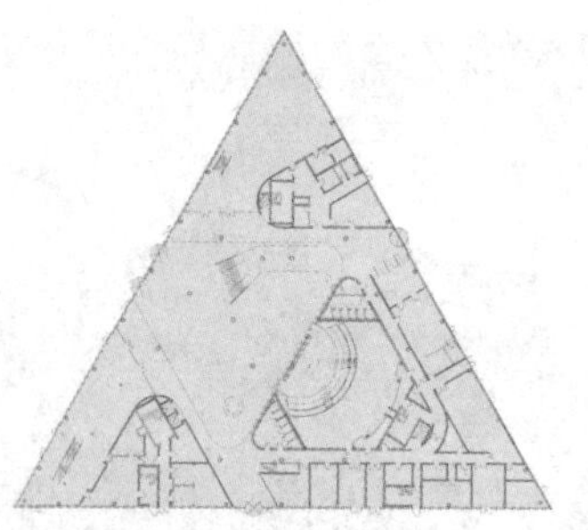
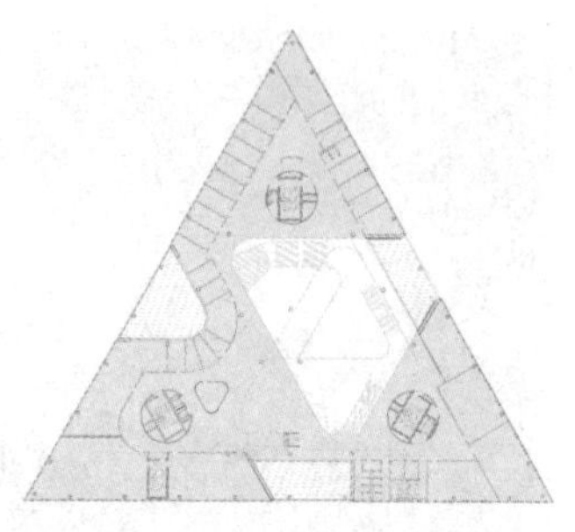

平面图

内景一

内景二

建筑局部三

建筑局部四

建筑局部五

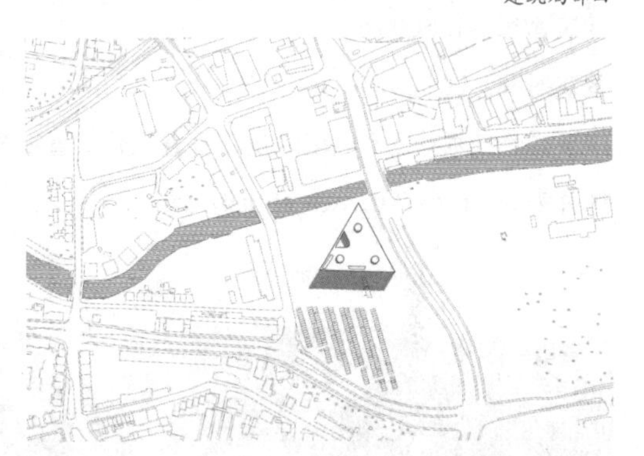

总平面图

建筑局部六

建筑局部七

# Melbourne City Council House 2
# 墨尔本市政府 2 号办公楼

建筑性质：办公建筑

建筑设计：DesignInc

建筑地点：澳大利亚，墨尔本

建筑面积：12500 $m^2$

建筑时间：2012 年

主要绿色技术：动态遮阳表皮、垂直绿化、管道自然通风、可再生能源

图片来源：http://www.archdaily.com

外观一

墨尔本市政府 2 号办公楼( CH2 )被称为“澳大利亚最为绿色、健康的办公大楼”，它为未来的高层建筑树立了典范，并为可持续设计和施工树立了世界级的标准。其绿色建筑设计目标为：营造健康、舒适和高效的办公环境；被动技术优先，被动式建筑技术整体应用；与地域气候环境相适应。节电 85%，节气 87%，节水 72%，减少 87% 的温室气体排放和 80% 的污水排放。

建筑局部一

外观二

建筑各立面均有极具表现力的外观。西立面采用旧木材再生材料制成的活动遮阳百叶，能跟随太阳的转动发生偏转，在满足天然采光要求的同时降低对太阳辐射的吸收。百叶转动的动力来自于太阳能光电系统；北立面每层楼的阳台上用特制花盆种植了绿色的攀援植物，这些植物沿阳台上的钢网蔓生、层层相接，从一层到顶层再到楼顶形成一个垂直的空中花园。它们不但遮挡了夏季的阳光，还能有效过滤眩光，净化空气。北立面还设有 10 个深颜色的通风管道，通过吸收太阳的辐射加热内部空气，在“热压原理”作用下热空气上升，由下向上排出；建筑南立面（背阴面）设有 10 个浅颜色的通风管道，吸收新鲜空气，并通过设备层的控制循环，由上向下为整座建筑各层输送新风；东立面采用穿孔金属板，可以遮蔽卫生间、电梯间等辅助用房，并能满足卫生间自然通风要求。建筑顶层局部架空，便于外环境气流的组织；屋面种植了少量绿化植物。

建筑局部二

建筑利用太阳能集热器、光伏发电系统、风力发电系统等进行可再生能源利用。还采用热回收系统、热电联产系统、独立控制空调系统和毛细管式辐射吊顶空调末端，污水净化与再利用系统等绿色技术与设备。

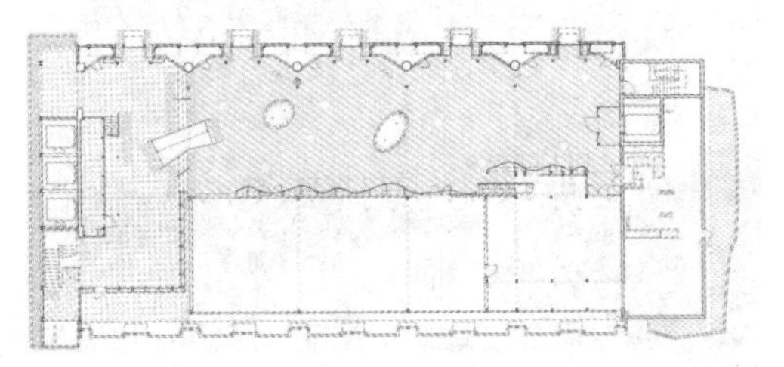
平面图

建筑被澳大利亚绿色建筑协会评定为六星级绿色建筑。

外观三

外观四

外观五

外观六

屋面景观一

内景

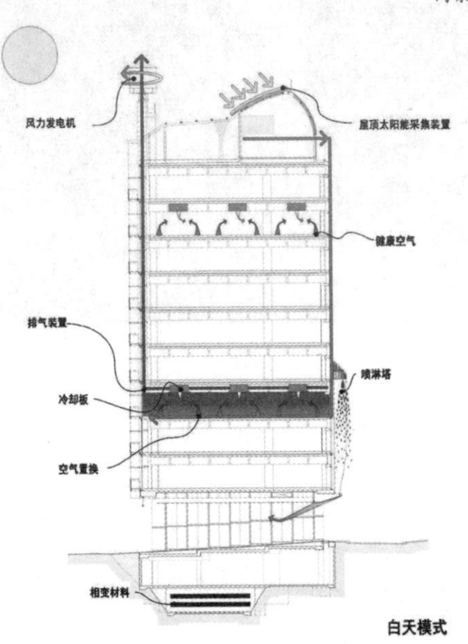


绿色技术分析

屋面景观二

# Multi-family House
# 多户住宅

建筑性质：居住建筑

建筑设计：Halle 58 Architekten

建筑地点：瑞士

建筑面积：551 m$^2$

建筑时间：2006 年

主要绿色技术：太阳能光伏、木屑颗粒供能、太阳能热水、再生混凝土

图片来源：http://www.fermacell.ch/de/minergie_p_eco_haus.php

外观一

项目用地位于火车站和缆车站附近的一个过渡区域，周边是三到四层的带有斜屋顶的居住建筑和开放性绿地，之前为一个老的车库用地。建筑地上 3 层，每层一户，地下 1 层，主要为停车场。建筑采用契合基地的梯形布局，是第一个满足瑞士 Minergie-P-Eco 最高节能标准的被动式集合居住建筑。

建筑采用木制框架结构，表皮采用未处理的木丝水泥板

外观二

外观三

Ug=0.1W/（$m^2$·K），窗户为三层中空玻璃Ug=0.5W/（$m^2$·K），建筑表皮导热系数为Ug=1.8W/（$m^2$·K），这使得能量散失降低到最小。

建筑除东北侧较为封闭外，其余各面均较为通透，而连续的横向楼层板、竖向的纤细钢构件与内凹的透明墙体形成了建筑的主要形象。每层除东北侧外均设置的环绕阳台构成了室内外的过渡空间。阳台内侧为中空玻璃落地窗，外侧则安装了木制遮阳卷帘，卷帘盒隐藏安装在阳台悬挑出的楼板下面，位于阳台护栏的外侧。经过计算的阳台宽度在冬季使阳光进入室内深处以便能充分利用太阳能，在夏季光照强烈时，则可把卷帘放至不同高度遮阳，甚至可以完全遮挡整个立面以防止室内过热。所以，阳台和动态遮阳的加入既能满足功能的需求，同时也是创建节能、舒适的室内环境的需要，而且还塑造了灵活多变的建筑形象。

建筑还利用太阳能光伏、光热系统和颗粒燃料锅炉等绿色技术，并优化了采光，隔绝噪声。使用的低排放材料也符合Minergie-P-Eco标准。由于建筑的优良性能，本项目获得了2010年被动式建筑奖。

内景一

内景二

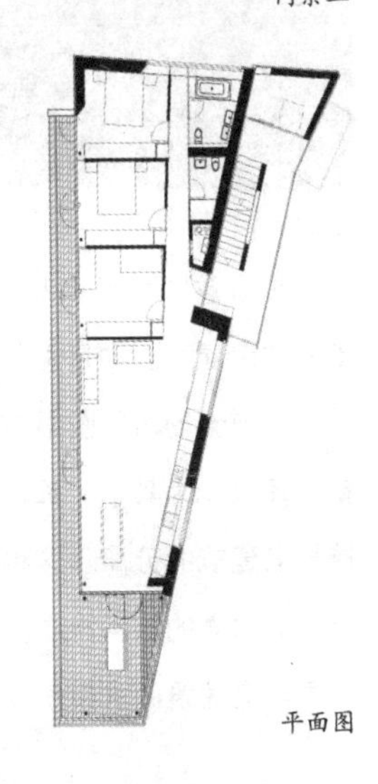
平面图

# Nembro Library
# Nembro 图书馆

建筑性质：图书馆建筑

建筑设计：Archea Associati

建筑地点：意大利，贝加莫

建筑面积：1875 $m^2$

建筑时间：2007 年

主要绿色技术：双层表皮、活动陶土百叶

图片来源：http:// www.archdaily.com；http://www.archea.it

外观一

位于意大利 Nembro 小镇的图书馆原本是一栋始建于 1897 年的古老建筑。项目意图是通过翻新和扩建原有建筑，让这座建筑物变成新的市民图书馆和文化中心。为了满足新增的设施需要，新建建筑作为其中一翼，与老建筑共同构成四合院布局，但又保持与老建筑的分离。这种处理既强调了旧和新之间的差异，又强化了其独立的结构特质。

与老建筑的古典气息形成鲜明映照的是新建筑的极简主义外

外观二

外观三

外廊内景

形与复杂的表皮构造。新建筑内层为通透的玻璃幕墙，外层包裹了一圈钢架结构，胭脂红的釉面陶瓷砖百叶挂在外层钢架上，瓷砖百叶规格为 40 cm × 40 cm，每层朝向不同方向，疏密相间、错落有致，随意中带着一种形式主义的韵律美感。每组百叶还可自由旋转，用于过滤、屏蔽阳光，同时也使悬挂在空中的陶片看似有种随风飘扬的动感，让人联想起翻飞的书页，建筑形体由此变得虚化和光影丰富。这些陶片完全取材于当地传统的陶土材料，将陶片传统的质感与钢架装配的现代形式加以体现，使整个建筑宛若一栋巨大的当代雕塑，与古老的环境反差强烈，形成了一个标识性的符号。

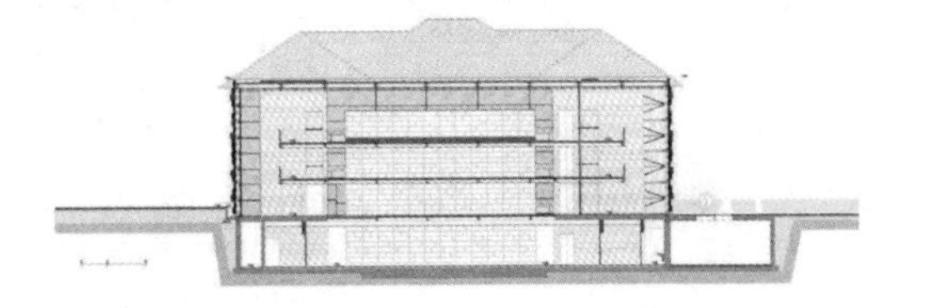

剖面图

外观四

外观五

二层平面图

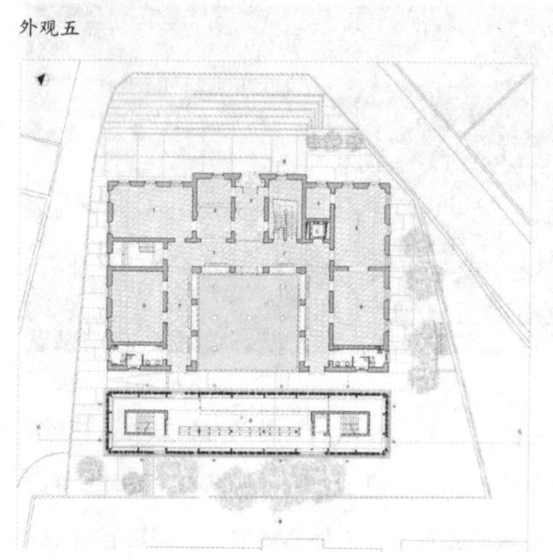

一层平面图

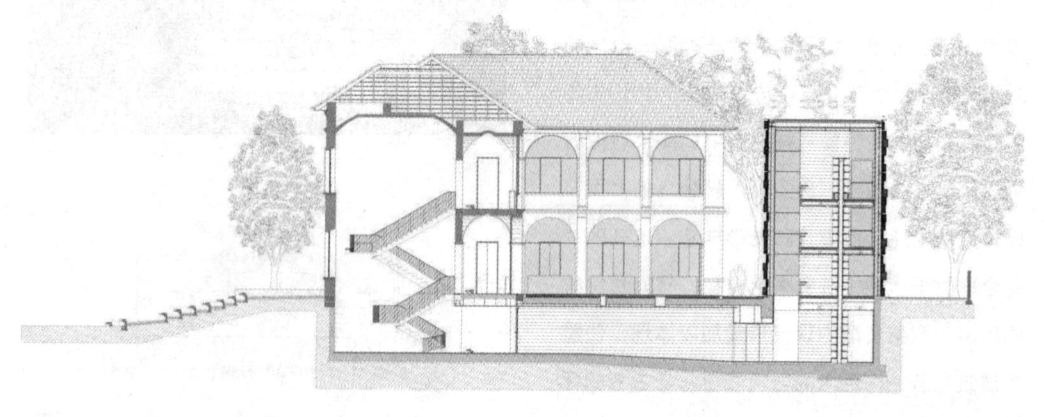

剖面图

内景一

内景二

内景三

# North Mediterranean Health Center
# 北地中海健康中心

建筑性质：医疗建筑

建筑设计：Ferrer Arquitectos

建筑地点：西班牙，阿尔梅里亚

建筑面积：1352 $m^2$

建筑时间：2010 年

主要绿色技术：动态百叶表皮

图片来源：http://www.archdaily.com；http://www.hospitecnia.com

外观一

项目位于西班牙阿尔梅里亚，主要用途为健康中心。建筑地上 2 层，地下 1 层，地下设有小型车库和大部分设备用房，一层包括门诊区和后勤服务等，二层是健康教育和办公区。设计围绕着一系列内部庭院进行平面布局，使各个房间都获得了自然通风和采光，同时丰富了内部空间层次。

建筑外观具有鲜明的对比性，主体采用白色大理石材料，周围形体为深色预制混凝土板材料。采用这种做法的主要原因是受

外观二

外观三

到当地一个石膏晶洞的启发，建筑师试图用大理石材料塑造出精致、充满活力和魅力、具有坚实外壳的晶洞内部形象，而周围的深色石料就像晶洞所在的铅矿的包裹。

主体部分采用活动的大理石板条包裹玻璃幕墙的双层表皮设计。活动的表皮为室内引入分散的自然光，使内部空间拥有了理想的光线氛围，减少了建筑能耗。而当面板打开时，光线又会从室内折射到室外，从视觉上又柔化了白色的巨大体量。玻璃环绕的院落位于内部的布局之中，吸收日光与自然风。所有这些处理创造出了最佳的照明效果。这一基于可持续标准的建筑设计处理，有利于环境的可持续发展。

建筑局部一

内景一

内景二

一层平面图

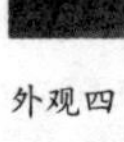

外观四

内景三

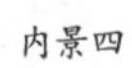

内景四

建筑局部二

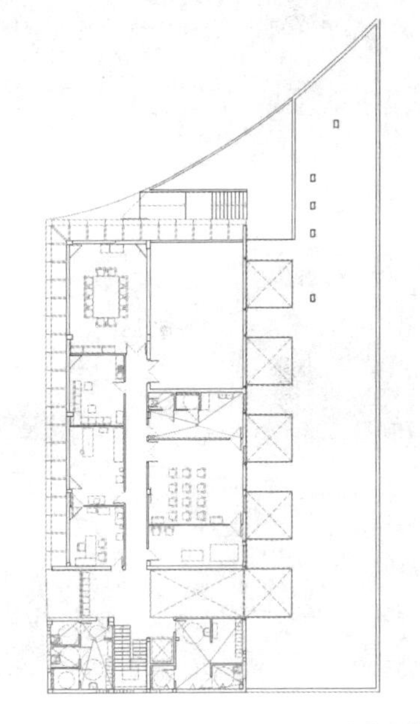

二层平面图

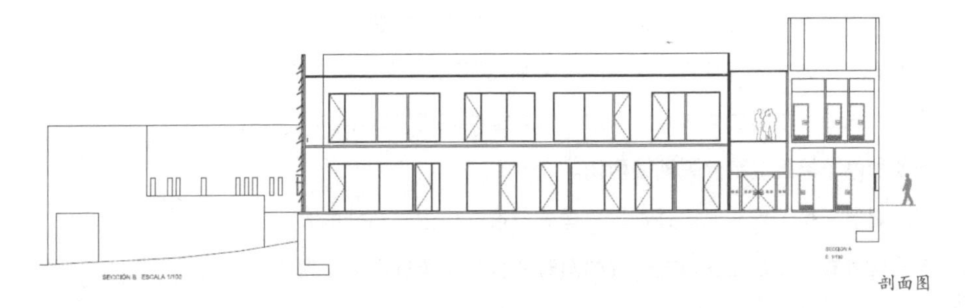

剖面图

# Q1 Building, Thyssen Krupp AG
# 蒂森克虏伯总部 Q1 大楼

建筑性质：办公建筑

建筑设计：JSWD Architekten+chaix&morel et Associes

建筑地点：德国，埃森

建筑面积：170000 $m^2$

建筑时间：2010 年

主要绿色技术：动态遮阳表皮技术、地源热泵技术、热量回收技术、雨水收集技术、环保建材

图片来源：http://www.archdaily.com

外观一

在埃森克虏伯的历史遗迹带，蒂森克虏伯集团建造了新的总部大楼。建筑群围绕具有仪式感的中央水池而建，Q1 大楼作为整个轴线的尽端和功能核心，采用一个大型的玻璃立方体，其他办公和停车场建筑则分列轴线两侧。

建筑采用了虚实对比强烈的雕塑感形态，但由于特殊的表皮处理方式，使之在保持统一性的同时还弱化了建筑常规处理的

外观二

建筑局部一

建筑局部二

封闭感和厚重感。除了中心部分外，大多数表皮采用多层结构：即玻璃幕墙表皮外附设由金属板材构成的遮阳系统，并能根据自然光线的变化智能调节这些遮阳系统。遮阳系统是由大约 400000 个 7 cm 宽的不锈钢金属板条锚定到 3150 个不锈钢活动杆上形成长方形、三角形和梯形的百叶窗，每个高度 3.6 m。其中 1280 个百叶窗能根据太阳的高度变化通过控制器自动旋转，并有几种开启模式以允许不同的光线进入。可以完全关闭，以创造一个更封闭、坚实的外壳；或从一定角度至完全打开，以允许不同数量的光线进入。应用动态遮阳一方面减少了对空调和人工照明的需求，相应降低了室内温度，另一方面闪闪发光的变化构件还塑造了一个耀眼的表皮效果。可以说动态表皮的应用完美实现了技术、艺术和可持续性的结合。

设计还在地源热泵、热量回收、雨水收集、环保建材等方面有充分考虑。由于对能源、资源的充分、可持续利用，建筑获得了德国可持续建筑委员会（DGNB）的金奖认证。

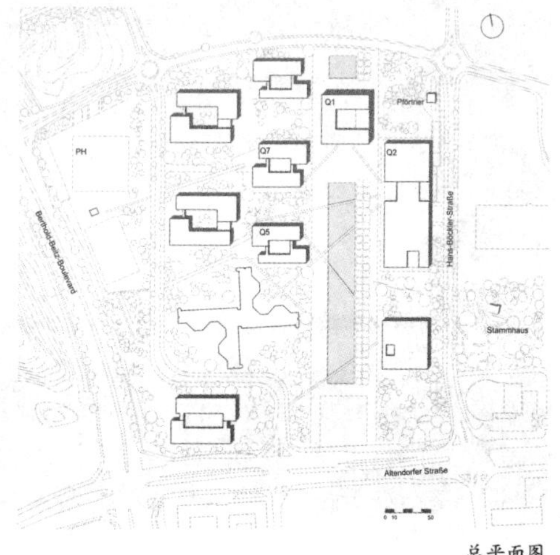


总平面图

内景一

内景二

内景三

建筑局部三

内景四

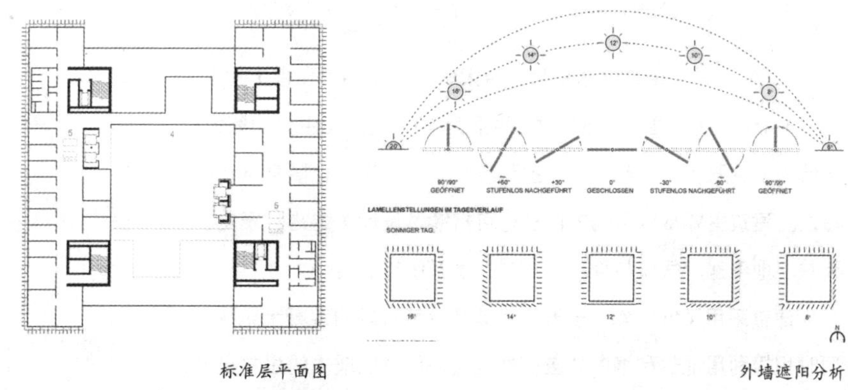


标准层平面图

外墙遮阳分析

# Research Center ICTA-ICP·UAB ICTA-ICP大楼

建筑性质：教育建筑

建筑设计：H Arquitectes，DATAAE

建筑地点：西班牙，巴塞罗那

建筑面积：9400 $m^2$

建筑时间：2014年

主要绿色技术：动态遮阳技术、自然通风技术、水循环技术、屋顶种植技术

图片来源：http://www.gooood.hk

外观一

ICTA-ICP大楼是巴塞罗那自治大学的环境科学和古生物学研究中心。地上5层、地下2层，平面为40米见方。主要功能为：一层为公共服务，上部为办公室和实验室，顶楼为种植菜园和休息区。建筑主要从以下几方面进行可持续性设计：结构、表皮、天井、地下室、气候与管理、材料、水系统等。

建筑采用了低成本、长寿命且储热性能良好的混凝土结构，同时积极利用地热和烟囱效应；外表皮采用了低成本的生物机制

建筑局部一

内景二

内景一

屋面景观

动态外表皮，一个自动调节的聚碳酸酯百叶窗系统能够如工业化的温室那样，自动调节应对阳光、风而形成一个 16 ~ 30°C 的缓冲区域，有助于维持工作区域的温度舒适。缓冲区内还设置了大量的植物以增加与自然的交流并能调节室内湿度。另外监测热量、湿度和 $CO_2$ 的传感器把信息传到中央计算机控制系统，以确定打开或关闭外部构件；建筑内部有 4 个天井，这些天井增强了内部的自然光和通风，减少了人工照明和空调系统能耗，而天井内的植物还能提高湿度和舒适性。

整个建筑中采用了三种气候管理机制，通过计算机对它们进行统一监控管理，以创造最高效的能源利用方式和最少的耗能。此外建筑大量使用了低成本、可持续、长寿命、热工性能良好的材料。建筑还具有完善的水循环系统，以对雨水、灰水、黄水和废水等进行最大利用。这种气候响应表皮设计降低能耗 62%，节水达 90%，因此项目获得 LEED 金牌认证。

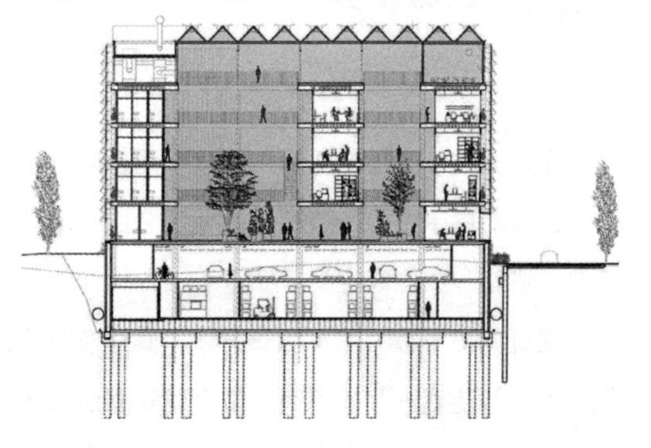
剖面图

# RMIT Design Hub
# 皇家墨尔本理工大学设计中心

建筑性质：教育建筑

建筑设计：Sean Godsell architects

建筑地点：澳大利亚，墨尔本

表皮面积：13000 m²

建筑时间：2012 年

主要绿色技术：动态外表皮

图片来源：http://www.seangodsell.com/rmit-design-hub

外观一

RMIT 设计中心建设的目的是支持不同设计领域内艺术理念的传播，促进不同领域间的合作与联系，同时也将成为澳洲最大的设计作品展示中心。建筑包括地下 2 层，地上 8 层，功能包含研究、讲座和展览等空间。

设计中心形体为简单的长方体，其建筑立面的最大特点是气候响应“智能表皮”的应用。整个建筑立面采用双层幕墙系统，内层为玻璃幕墙，外层是自动化控制的可变化遮阳表皮，外层由

外观二

外观三

内景一

内景二

16000 多个不锈钢筒排列而成。每个钢筒直径 600 mm，内嵌根据时间、风向和阳光等信息由中央计算机控制旋转变化的磨砂玻璃片。这些不锈钢筒以 21 个（1.8 m×4.2 m）为一组基本单元进行排列，固定在镀锌钢框架上，其中 12 个筒内的玻璃盘能转动，其余 9 个为固定状态。这些可旋转角度的光盘能使设计中心内部的光线、通风和能量根据需要进行调整，进而提升室内环境水平并降低能耗。

除了动态绿色外表皮外，建筑还采用了包括水、废弃物和再利用管理的其他一些绿色策略，因此建筑获得了澳大利亚绿色建筑委员会教育建筑类的 5 星级绿星评价。但建筑也受到一些质疑：包括可变化玻璃盘的数量及单轴旋转对太阳能调整的能力；建筑的安全性问题等。

墙体细节

# Surry Hills Library and Community Centre
# 沙梨山图书馆和社区中心

建筑性质：图书馆建筑

建筑设计：Francis-Jones Morehen Thorp

建筑地点：澳大利亚，悉尼

建筑面积：2497 $m^2$

建筑时间：2009 年

主要绿色技术：动态遮阳技术、雨水收集与循环利用技术、屋顶绿化技术、智能控制技术

图片来源：http://www.archdaily.com；https://fjmtstudio.com

外观一

项目位于沙梨山中心，用地为 25 m×28 m，主要满足当地社区公共服务的用途，功能包括图书馆、社区中心、儿童保育中心等。所以，开放性、透明性和可持续性是设计的主题，而项目的目标就是要达到澳大利亚绿色建筑评价体系的卓越级标准。

建筑的可持续性设计主要体现在于东、南立面处理上。东立面设有智能控制的木质遮阳百叶，百叶上设有太阳跟踪系统和传

外观二

外观三

感器并与智能监控系统相连，智能系统能自动监测和控制建筑物的内部环境条件，并通过自动控制遮阳百叶开合，使它们能适应不断变化的日光，达到控制光线、热量和通风进入的效果。此时活动的百叶不仅具有生态作用，又使立面产生丰富的变化。当百叶关闭时，建筑立面被光滑的木质表皮覆盖，当百叶打开时，竖向的线条又使建筑充满韵律感和光影变化。

墙体细节一

建筑的南立面采用双层玻璃幕墙结构，幕墙之间被分隔为 2 组一系列三角形空间作为组织气流的通道，每组又分为 2 个进风通道和 1 个回风通道。外部新鲜空气从顶部进入，经过与地源热泵相连的交换器冷却后，进入幕墙内的进风通道，再经过建筑底部的绿色植物过滤净化和光合作用，吸收其中的 $CO_2$，释放 $O_2$，然后进入地下风道进一步冷却后经回风通道到达各层，最后通过风机送到室内。所以双层幕墙系统是一个创新性的空气处理系统，在给室内提供健康空气的同时，还降低了制冷能耗。

墙体细节二

该建筑还采用了其他很多绿色技术，例如混合通风技术、光伏发电技术、屋顶绿化、地源热泵技术、雨水收集和循环利用技术等。因此，项目被授予澳大利亚 2010 可持续设计优秀奖和美国 AIA 设计奖等。

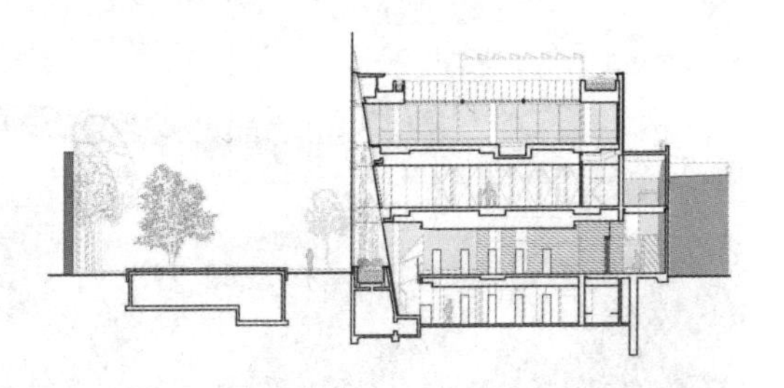
剖面图

外观四

内景一

内景二

墙体细节三

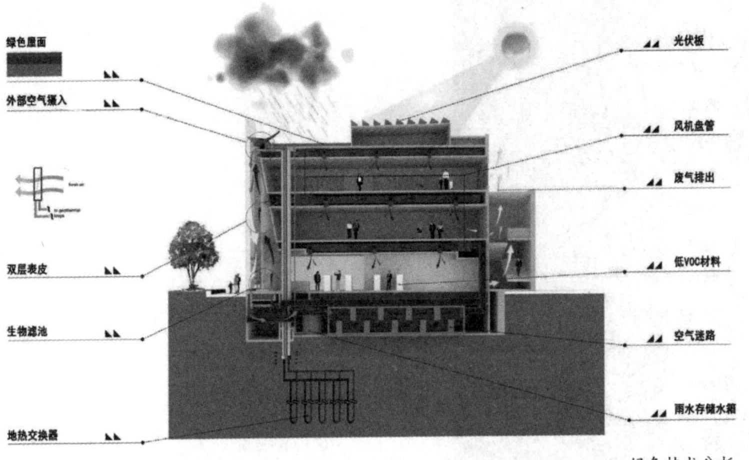


绿色技术分析一

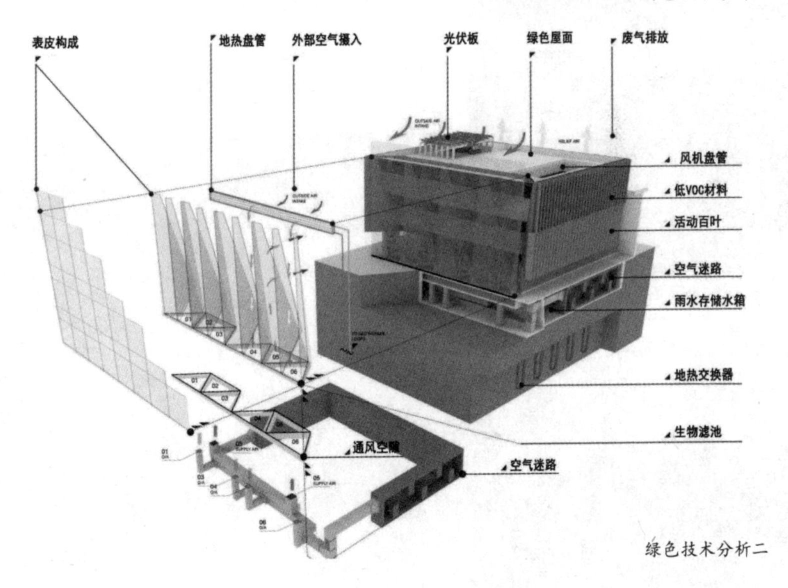


绿色技术分析二

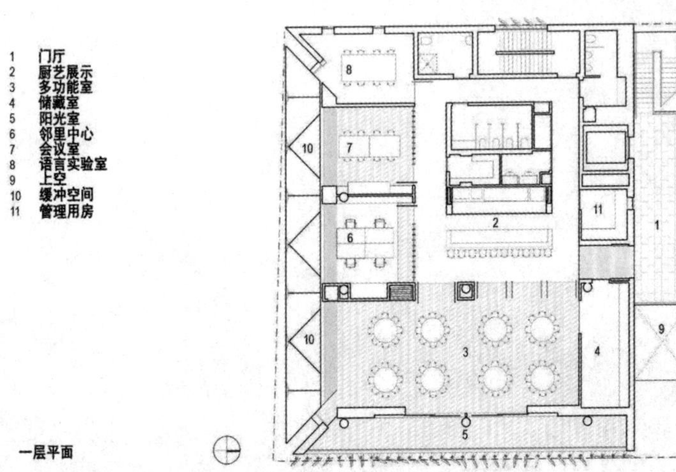


一层剖面图

# Chapter 4

# 第四章　交互式动态建筑

交互式动态建筑作为一种更为智能的可变动建筑，具有与周围环境相适应和互动的性能。它比可变动建筑最大的进步在于其具有的智能感知系统，这种系统能根据环境信息的改变自我识别和调控，从而实现建筑性能的最优化并满足使用者的即时性需求，还带来趣味性的体验。交互式动态建筑改变了传统建筑与人的关系，不再是让使用者适应建筑，而是建筑开始适应使用者。

# BIQ House
# 海藻屋

建筑性质：居住建筑

建筑设计：Arup + SPLITTERWERK architects

建筑地点：德国，汉堡

表皮面积：1600 $m^2$

建筑时间：2013 年

主要绿色技术：生物化学技术、动态旋转技术

图片来源：http://www.archello.com

外观一

2013 年建成的海藻屋是探索藻类与建筑结合应用的一个试验性建筑，也是一个面向未来、通过微型藻类供电的建筑。因为只要有充足的水、$CO_2$ 和阳光，藻类就可以进行光合作用并快速生长，它能吸收 $CO_2$，生产 $O_2$ 和能量，同时还能产生电能并循环利用。

建筑的西南和东南面是双层立面结构。立面外层是由 129

外观二

建筑局部一

个特殊设计的“微生物反应器”构成，共200 m²，“微生物反应器”为双层中空玻璃窗，每个尺寸2.5 m×0.7 m，能够围绕一个垂直轴旋转以朝向阳光，窗户内部由具备气候适应能力的藻类组成。藻类能够通过吸收太阳光，在这一反应器里快速生长并为整栋建筑供电。同时，每天生产生物量15g/m²，生产生物质能源345kJ/m²，生产沼气10.20L/m²，反应器产生的热量通过建筑内的能量管理中心自动化控制，可以满足建筑1/3的热量需求。这种特殊的外部构造使其能满足建筑的季节性需求：冬季藻类生长较慢，这使阳光和热量能较多进入室内；而到了夏季，由于藻类生长茂盛，外层吸收、遮挡了大部分阳光，相应能增加遮阳效果，使得室内变得凉爽、舒适。

设计者希望通过这种藻类生物反应器使建筑既能生产能源，也能提升遮阳、隔热和降噪效果，使建筑变成城市能源系统的一部分。当然，目前技术距离真正大规模应用还有相当长时间。

建筑局部二

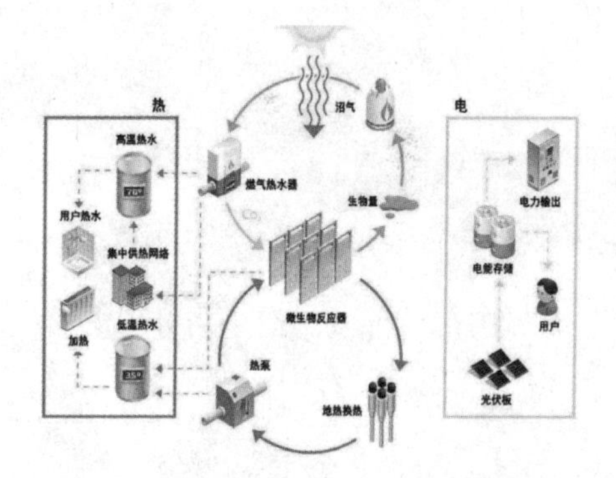


绿色技术分析

标准层平面图

# Blur Building
# 混沌建筑

建筑性质：展示建筑

建筑设计：伊丽莎白・迪勒，里卡多・斯科菲迪奥

建筑地点：瑞士，伊凡登勒邦城

建筑尺寸：100m × 65m × 25m（长 × 宽 × 高）

建筑时间：2002 年

主要绿色技术：水雾系统

图片来源：http://theredlist.com

外观一

作为一座建在湖面上的展示建筑，混沌建筑在 2002 年瑞士世博会上的出现突破了人们对传统建筑具有清晰边界的认识，也使人们对建筑的形态及空间有了重新定义。建筑师尝试利用新的技术模仿自然，表达对自然的崇敬，使建筑最大限度地与自然融为一体。

混沌建筑是一个没有明确边界尺寸的轻钢结构建筑。除了结

外观二

外观三

外观四

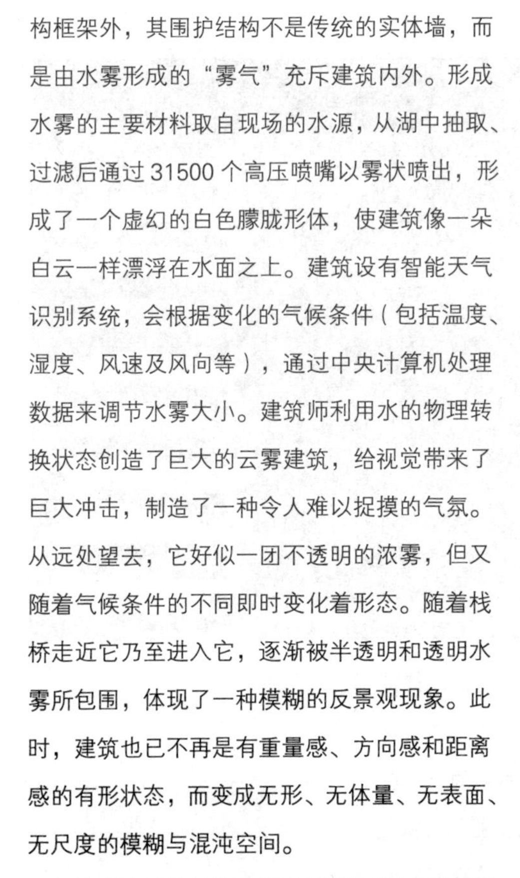

构框架外，其围护结构不是传统的实体墙，而是由水雾形成的“雾气”充斥建筑内外。形成水雾的主要材料取自现场的水源，从湖中抽取、过滤后通过 31500 个高压喷嘴以雾状喷出，形成了一个虚幻的白色朦胧形体，使建筑像一朵白云一样漂浮在水面之上。建筑设有智能天气识别系统，会根据变化的气候条件（包括温度、湿度、风速及风向等），通过中央计算机处理数据来调节水雾大小。建筑师利用水的物理转换状态创造了巨大的云雾建筑，给视觉带来了巨大冲击，制造了一种令人难以捉摸的气氛。从远处望去，它好似一团不透明的浓雾，但又随着气候条件的不同即时变化着形态。随着栈桥走近它乃至进入它，逐渐被半透明和透明水雾所包围，体现了一种模糊的反景观现象。此时，建筑也已不再是有重量感、方向感和距离感的有形状态，而变成无形、无体量、无表面、无尺度的模糊与混沌空间。

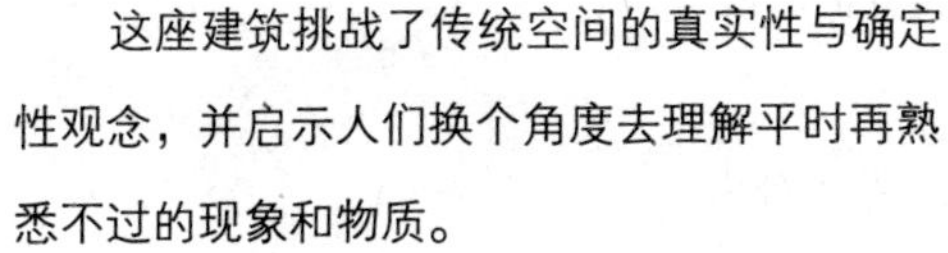

这座建筑挑战了传统空间的真实性与确定性观念，并启示人们换个角度去理解平时再熟悉不过的现象和物质。

外观五

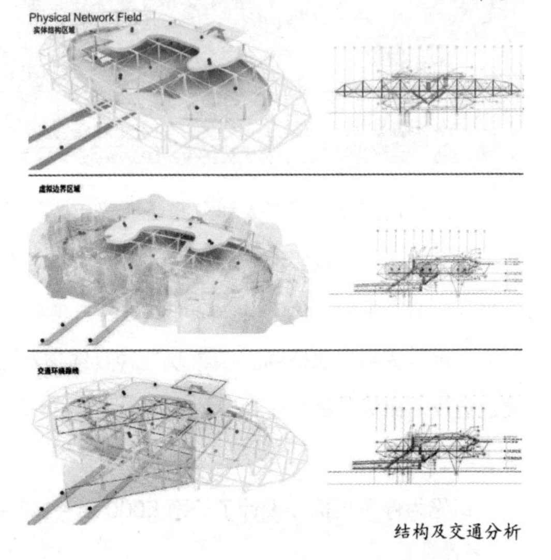


结构及交通分析

# Brisbane Domestic Airport Parking
# 布里斯班机场停车楼

建筑性质：公共建筑

建筑设计：奈德·卡恩

建筑地点：澳大利亚，布里斯班

立面面积：5000 m²

建筑时间：2012 年

主要绿色技术：被动式外遮阳系统

图片来源：http://cn.bing.com/images/search?q=Ned+Kahn&qpvt=Ned+Kahn&qpvt=Ned+Kahn&qpvt=Ned+Kahn&FORM=IGRE

外观一

布里斯班机场位于澳大利亚布里斯班市沼泽河畔，停车楼位于机场东侧外围，毗邻沼泽河。设计师凯恩花了很多时间观察这条穿行在城市中的河流，他惊奇地发现船只桅杆在水中的倒影在风的作用下变得扭曲模糊。“我喜欢这种直线被水面扭曲的现象”，受此启发，凯恩尝试将这种现象的发生场所转移到建筑立面的设计上。

凯恩为停车楼精心设计了一面 5000 m² 的风幕墙。幕墙分为

外观二

建筑局部一

外观三

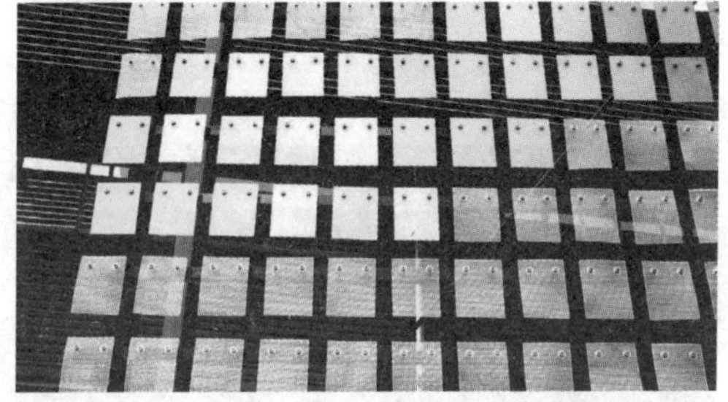

建筑局部二

建筑局部三

建筑内景

内外两层，内层作为结构框架连接墙体，共有400个框架结构。外层则由177643个活动的金属铝板或铝板网组成，通过螺栓与内层动态连接，独立于建筑墙体之外，可单独安装拆卸，这样的连接方式使得金属铝板可以在微风中以一定幅度上下自由摆动。

当风吹过立面的时候，每片金属铝板都会在风力作用下自由摆动，形成片片金属涟漪，并将复杂的光线和阴影投射到墙壁和楼板上。这种简单的处理方式将不可见的风直观而诗意地表现出来，同时体现出建筑与环境之间复杂的相互作用。构成风幕墙的金属铝板上开有大小不一的孔洞，金属铝板之间也都留有一定的缝隙，这使得风幕墙实际上只覆盖了50%的建筑立面，空隙保证了停车楼在没有风的情况下也可以满足必要的通风和采光需求。这样，风幕墙的设计不仅打破了常规停车场建筑呆板、枯燥的形象而具有戏剧性的立面表现，还能为建筑提供更多环境效益。

# Cloudscapes
# 云景屋

建筑性质：展示建筑

建筑设计：近藤哲男建筑师事务所

建筑地点：日本，东京

建筑尺寸：5.4 m × 5.3 m × 6 m（长 × 宽 × 高）

建筑时间：2012 年

主要绿色技术：人造云环境

图片来源： www.archdaily.com

外观一

云景屋艺术装置就像一个透明的容器，建在东京当代博物馆（MOT）的下沉花园里，是一个人们在其中可以全方位体验真实云景的建筑装置。设计师期望通过这种带有试验性质的设计手法创造出一种全新的建筑空间，使环境与设计本身产生更密切的关联。

整个装置由直径为 48.6 mm 的透明管组成，中间区域增加了一些弹性材料，屋顶高 6 m，整个结构具有极好的抗风性。双层

建筑内景

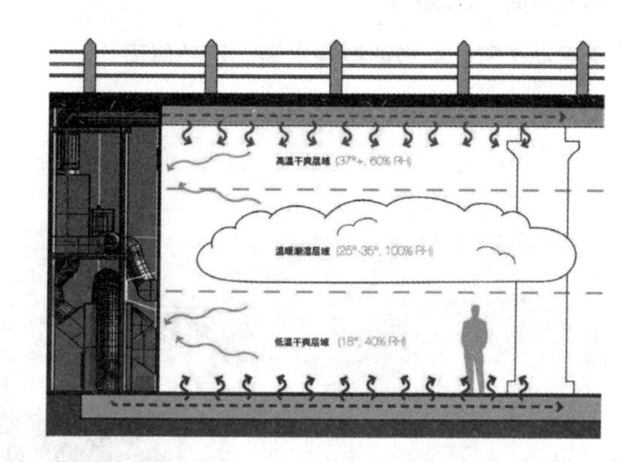


云环境生成分析

的乙烯基板可以很好地确保云景室内的温度以及湿度以保证云发生的环境。在这里，建筑师创造了一个人造的云环境，使人们可以感知微气候的发生，也可以触碰云。而要创建持续维持在一定高度的云雾，建筑师需要严格控制温度、湿度并在室内形成三个不同的竖向环境层次：上部的干热层（37℃，60% 相对湿度），下部的干冷层（18℃，40% 相对湿度），而在两者中间是形成云雾的温湿层(25～35℃,100% 相对湿度)。

云景屋实际上是在创造一个新的建筑空间类型的实验，也是一次探索建筑与自然环境完全接触融合的尝试。

外观二

# Digital Water Pavilion
# 萨拉戈萨世博会数字水展馆

建筑性质：展览建筑

建筑设计：麻省理工学院

建筑地点：西班牙，萨拉戈萨

建筑面积：330 $m^2$

建成时间：2008 年

主要动态特征：智能控制水墙、活动屋面

图片来源：http://www.weltausstellung.com

外观一

2008 年萨拉戈萨世界博览会的主题是“水和可持续发展”，展会上的萨拉戈萨数字水展馆是有史以来第一座外墙由数字水幕构成的建筑。设计师卡尔洛·拉蒂说：“近年来建筑界的一个梦想便是设计出可变形的、交互式的、动态的建筑。如果你利用砖等传统材料实现这一梦想，难度一定很大。水虽不是一种传统的建筑材料，但它有很多优良的性能——可以根据需要开启和关闭；

外观二

可以快速重新配置，以适应交通流量的变化。”

数字水展馆利用了水的这一特性，把展览馆外墙设计为一圈能智能控制开合的“水墙”，其水流来自于数千个小喷头，喷头通过由计算机控制的传感器进行开关控制。当传感器感应到某个不断靠近的物体时，就自动关闭水幕以便让其通过。例如当观众从外面靠近水墙时，电脑传感器会自动改变水流形状，“水墙”上就会出现一道门，观众穿门而入之后，控制装置则会将“水门”关上，这样参观者可从任何地方随意地进出场馆。“水墙”还是一个巨大的“显示器”，图像和文字可在水墙上清晰显示。更使人惊叹的是，这栋占地 $500m^2$ 的建筑可以在顷刻间消失不见，因为支撑屋顶的柱子在活塞的推动下可使屋顶迅速下降，这样屋顶可以从 4.8m 的高处迅速降至地面内，将建筑完全开放出来。

“水墙”用水全部采用循环水，而且由于水的蒸发冷却效果，建筑不需要依赖空调来降温，这使设计具有了绿色环保的特性。拉蒂表示，即便其他建筑的墙面不能全部由水构成，但也希望它们的结构如同水展馆一样，即“利用好每一个元素，不浪费一点儿资源”。

数字水展馆的设计使建筑变成一种可以随时与使用者互动的状态而存在的形式。

外观三

外观四

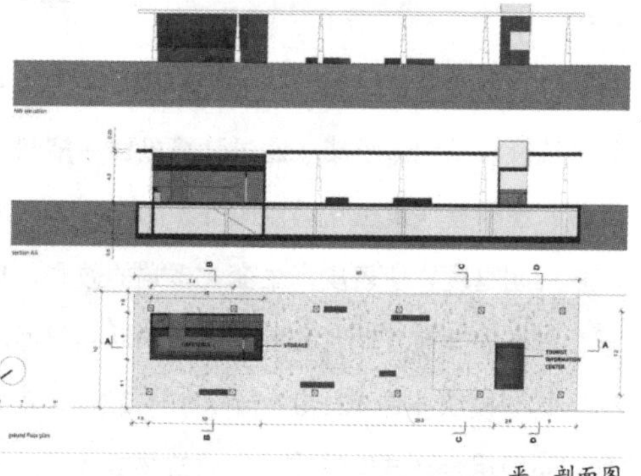
平、剖面图

# Flare Facade
# 闪光幕墙

建筑性质：展示建筑

建筑设计：柏林施塔布建筑师事务所

建筑地点：德国，柏林

建筑时间：2008 年

主要绿色技术：气动驱动动态遮阳技术

图片来源：http://www.flare-façade.com

外观一

该建筑表皮是一个特殊的气动幕墙系统，系统由若干倾斜的铝棱镜模块单元体组成。通过计算机程序控制气阀推动各模块单元体，使得模块发生扭动以改变太阳光的入射角，进而影响建筑表皮的明暗度，使表皮产生变化多端的效果，也使建筑表皮成为一个与环境具有互动性和美学趣味的动感界面。

这些模块体是 121.92 cm × 121.92 cm 正方形的模块单元，能以不同组合形式安装在任何建筑物或墙面。一个模块体的面在

建筑局部一

建筑局部二

建筑局部三

建筑局部四

活动单元构造一

活动单元构造二

垂直状态时能反射明亮的天空或阳光，而模块体由计算机控制的气动活塞驱动向下倾斜时，其表面则变成背阴面而成为一个暗的模块。这样，通过反射环境或直射光，每个模块体就像由不同亮度光源形成的明暗像素模块。因此，系统就具有了各种各样的表面变化。建筑物内外的传感器系统直接将建筑活动与表皮模块联系在一起。模块体将建筑表皮变得内外相互渗透，就像一个有机的皮肤，打破了传统建筑表面都是静态的惯例。

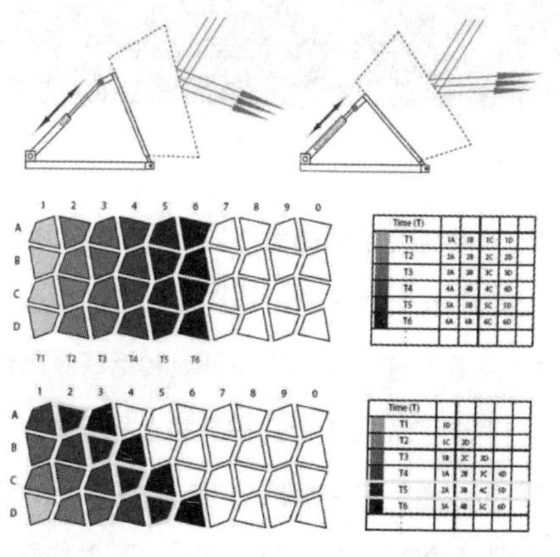


| Time (T) | | | | | |
|---|---|---|---|---|---|
| T1 | 1A | 1B | 1C | 1D | |
| T2 | 2A | 2B | 2C | 2D | |
| T3 | 3A | 3B | 3C | 3D | |
| T4 | 4A | 4B | 4C | 4D | |
| T5 | 5A | 5B | 5C | 5D | |
| T6 | 6A | 6B | 6C | 6D | |
| ⋮ | | | | | |

| Time (T) | | | | | |
|---|---|---|---|---|---|
| T1 | 1D | | | | |
| T2 | 1C | 2D | | | |
| T3 | 1B | 2C | 3D | | |
| T4 | 1A | 2B | 3C | 4D | |
| T5 | 2A | 3B | 4C | 5D | |
| T6 | 3A | 4B | 5C | 6D | |
| ⋮ | | | | | |

立面构成分析

# Interactive Flowers Bloom
# 互动感应花

建筑性质：艺术装置

建筑设计：HQ 建筑师事务所

建筑地点：以色列，耶路撒冷

建筑高度：9 m

建筑时间：2006 年

主要绿色技术：智能感应充气技术

图片来源： http://inhabitat.com

外观一

该装置位于耶路撒冷Vallero广场，由HQ 建筑师事务所设计，是当地政府为改善城市空间而建设的项目。主要是通过这种互动性的装置改善平淡的广场景观和活跃氛围的一种方式。

整个装置共 4 个，被分为 2 组安放，这样从广场及各个路口都可以看到它们而成为标志。每个巨大花朵状装置均由黑色的“茎”和鲜红色的“花”组成，高度约 9 m，每朵花均是采用智

实景图

外观二

外观三

装置局部

能控制的充气装置，这样当人或其他运动物体经过装置下方时，花蕊处的感应器便会探测到，从而充气使花朵绽开。当人远离后，花朵又会慢慢放气收起。而夜幕降临后，花朵内的灯光又会散发出淡淡的光线，成为广场上有趣的景点。

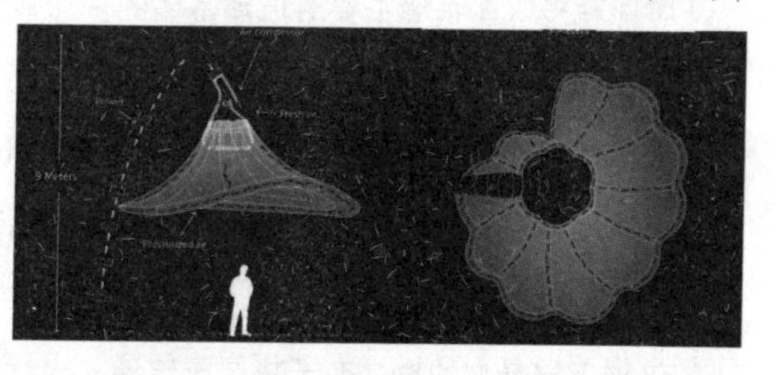

装置平、立面

# GreenPix 零耗能多媒体幕墙

建筑性质：商业建筑

建筑设计：西蒙·季奥斯尔塔工作室

建筑地点：中国，北京

表皮面积：2200 $m^2$

建筑时间：2008 年

主要绿色技术：太阳能光伏多媒体动态幕墙

图片来源：http://photo.zhulong.com/proj/detail49553.html

外观一

零能耗多媒体幕墙主要对玻璃幕墙的多功能性和多时相性进行了探索。这块 2200 $m^2$ 的超大动态显示屏是由 2300 块、9 种不同规格的LED光电板和太阳能光电板组成。设计概念来源于水，通过光线投射在立面形成的变化而产生一种水的动势，这也与建筑的功能性质相符合。

这项工程最大的挑战在于将层压玻璃、光伏电池、低分辨率

外观二

建筑局部

LED 灯、蓄电池和控制系统有机结合在一起，以保证零耗能概念实现的同时又能达到视觉上的艺术效果。建筑师开发了将光电单元层压到玻璃幕墙的新技术，在每片玻璃板的背后都安装了一个 RGB 三色 LED 组件，并且每个都可以单独编程操控，以控制产生图像和视频。成像单元采用了 3 种纹理不同、透明度分别为低、中、高的玻璃面板（每块玻璃板上的光伏板数量是不等的）且会转动不同的角度，这使立面富有立体图案感和变化的趣味，而多晶硅片电池板本身纹理的不规则性更增加了建筑的立面效果。同时，集成传感器还能使幕墙与街道上的人流进行互动。

这面巨大的“绿色多媒体幕墙”多媒体幕墙最大特点是零耗能，即把可持续能源和数字媒体技术结合。每个 LED 组件最大输出功率为 9W，所用电能均来自于光伏板产生的电能，因而节约了大量能源。建筑白天吸收太阳能，并将其储存在电池中，以便在夜间用它来照亮屏幕，不需要外界能量的补充。幕墙结构采用钢桁架支撑，外侧玻璃采用不锈钢沉头螺栓连接，板块采用特殊工艺处理，突出背后的 LED 灯光效果。

外观三

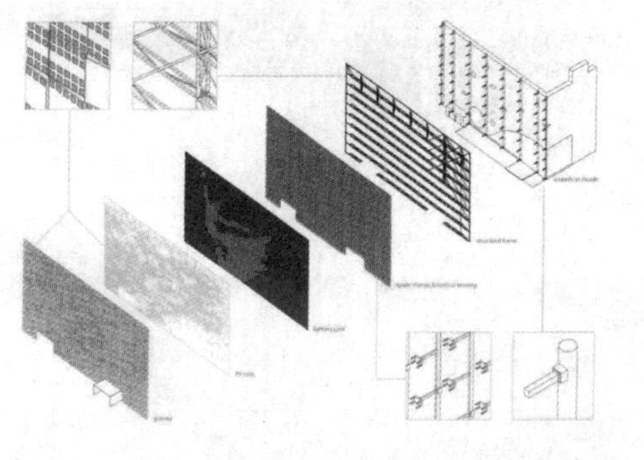

表皮构成分析

# Chapter 5

# 第五章　其他类型动态建筑

除了前述的几种主要动态建筑类型外，还有一些优秀的动态建筑设计难以归类。这些建筑（包括设施、构筑物等）应用了更多的其他学科技术（例如立体绿化、城市农业、生物技术等），让人、建筑和自然产生更为密切的联系，也使城市具有了更多的生机，这对现代城市的生态环境改善和保障人居条件健康有重要作用。

# The Ann Demeulemeester Shop
# 绿色堡垒

建筑性质：商业建筑

建筑设计：曹敏硕建筑师事务所

建筑地点：韩国，首尔

建筑面积：734 $m^2$

建筑时间：2007 年

主要的绿色技术：垂直绿化

图片来源：http://architecture.mapolismagazin.com

外观一

这是一间位于首尔滨江区一个小巷里的时装店，周边建筑以前大多为住宅，现在逐渐转变成高档商店和餐厅聚集的商业区。设计的理念是在高密度的城市中尽可能多地引入绿色，以模糊自然和人工、室内和室外的界限。

建筑地下一层，地上三层，其中一层为服装卖场，二、三层是餐厅，地下室为一个综合性商店。项目在设计之初就已经确定

内景一

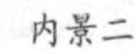

内景二

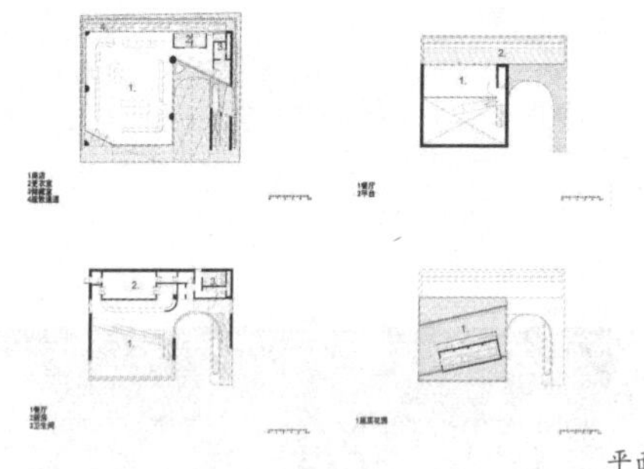

平面图

内景三

其业主所需的功能，三部分主要的功能区域在空间上得到很好地划分，景致最佳的二层留给餐厅，通过建筑东面的楼梯可以不经过服装店直接到就餐场所。

这个建筑的主要特点是外墙、室内空间和部分屋顶全被植物覆盖，甚至连楼梯都覆满青苔，而其他面则被竹子形成的树篱包围。这样，内部极简的装修风格和外部绿墙在质感与色彩上的对比、统一的形式都很好地传达出一种差异与统一的对比，其中，白色与绿色的大色块对比一直在整个建筑内外延续。不仅使建筑在不同季节有不同的景象，也使建筑在周围杂乱的环境中具有独特的气质和品味。

墙体绿化构造采用的主要材料是土工布（当与土壤共同使用时，有分离、过滤、加强和保护作用，并有渗透性强的特点），在上面种植草本多年生植物形成活的表皮，而面对竹篱的其他墙面则采用钢板和丙烯树脂材料。

外观二

# Baubotanik Tower
# 树屋

建筑性质：适应多种功能

建筑设计：费迪南・路德维希

建筑地点：任何地点

建筑面积：不确定

建筑时间：2005 年

主要绿色技术：树木

图片来源：http://www.archdaily.com

树屋样式一

作为地球生态系统的主要支撑者，树木的生态作用显而易见，虽然早期有把树木作为桥梁或编织成篱笆栅栏的案例，但把树木和城市或建筑整合一起的做法较为少见。德国费迪南・路德维希博士受到古老的树木造型艺术的启发，通过修剪、弯曲、嫁接或编织等各种手段对树木进行处理，再植入现代结构，使树木与建筑具有非凡的创新结合和独特的趣味体验。

建筑师采用的整合方法主要有两种。一是通过选择相应的现

树屋样式二

节点图

树屋样式三

成树木作为主要支撑结构，再植入部分轻钢或者塑料结构，经过一段时间的生长，树木与植入结构逐渐融合成为一体；二是选择适当的位置做好轻质支撑结构，在结构外部种植相应的树木作为围护表皮，经过生长、融合，二者逐渐形成一体。适合这种新型做法的树种主要有柳树、梧桐树、悬铃木、杨树、白桦和铁树等薄皮树木，因为它们具有快速生长、易于移植和融合的特点。

这种利用活的树木建造建筑的做法其生态价值是显著的。因为和传统利用加工木材作为建筑材料的做法比较，生长的树木可以持续对抗土壤侵蚀，吸收二氧化碳，提供氧气、营养、庇护和住所，同时还可以减少雨水径流、改善水质。此外，由于其良好的降温能力还能降低能源需求和成本，相应减少温室气体排放，所以这种做法也许更具生态平衡性和可持续性。

树屋样式四

# Bosco Verticale
# 垂直森林

建筑性质：居住建筑

建筑设计：斯蒂法诺·博埃里建筑师事务所

建筑地点：意大利，米兰

建筑高度：110 m、76 m

建筑时间：2013 年

主要绿色技术：绿色种植技术、地源热泵技术

图片来源：http://www.china-sbs.com/jzzx.php?aid=387

外观一

建筑由两座高度分别为 76 m 和 110 m 的高层居住塔楼组成，由于楼体遍布植物而被称为“垂直森林”。项目旨在创造一个强大的生物多样性系统来净化城市空气，增加湿度、吸收 $CO_2$ 和灰尘颗粒，制造 $O_2$ 并创造一个天然的阻挡辐射与噪声的屏障，来改善居民生活品质，达到可持续的设计目标。

“垂直森林”的立面以六层为一个模块进行竖向复制组合。

外观二

表皮构成分析

建筑局部一

建筑局部二

每层平面又分为 4 个居住单元，各单元外侧均设有阳台和绿色种植结合形成的独特绿色空间，上下层单元的形式不变，只是通过阳台的错位变化形成不同的竖向空间，加上树木类型和摆放位置的不同，使立面产生韵律而又动态的变化。“垂直森林”总共能够种植 480 棵大中型乔木（9 ~ 6 m）和 250 棵小乔木（3 m 左右），11000 株地被植物和 5000 棵灌木（约相当于 1hm$^2$ 森林），所有种植的植物都是事先栽培好以逐渐适应在建筑上的生存环境，并由建筑自身处理过的中水灌溉。这些植物减少了建筑的采暖与制冷能耗，特别是夏天能帮助降低城市的热岛效应。本项目已获得 LEED 金牌认证。

“垂直森林”的植物将会随着季节变化而产生不同的景色，同时大量垂直森林的建设还能够为城市创建一个生态走廊网络，从而增加生物多样性，降低热岛效应和能耗。

建筑局部三

# Diamond Lotus
# 钻石莲花大厦

建筑性质：居住建筑

建筑设计：武重义建筑师事务所

建筑地点：越南，胡志明市

总建筑面积：67240 $m^2$

建筑时间：2015 年

主要绿色技术：垂直绿化

图片来源：http://news.zhulong.com/read/detail208139.html

外观一

钻石莲花大厦距胡志明市中心约 3.2 km，场地位于两条河道相交汇的地方，风自城市吹向东方。项目由三座 22 层高的居住建筑组成，建筑用地面积达 8400 $m^2$，提供了 720 套住宅。建筑之间还通过屋顶花园和空中连桥进行连接，每套住宅均可通往绿化阳台和 5000 $m^2$ 的屋顶花园，能给住户提供充足的绿色空间。

为配合胡志明市的城市绿化提升计划，项目不像其他建筑那样仅考虑建设需要而减少绿化面积的做法，而是在建筑外立面波

建筑局部

屋面景观

外观二

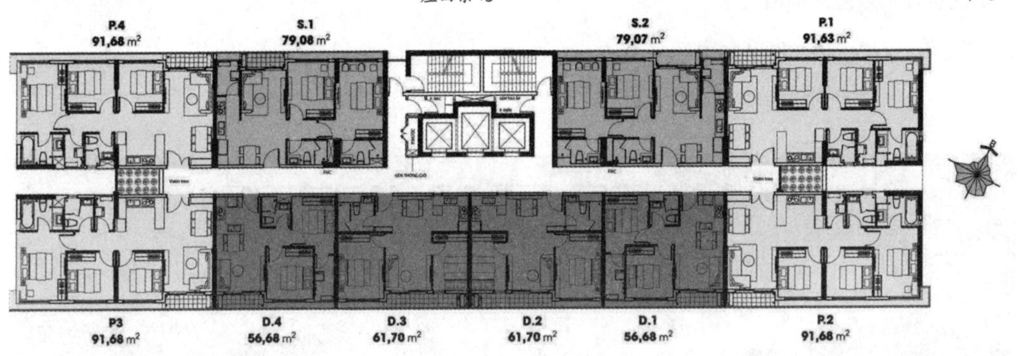


标准层平面图

浪形的阳台上布满播种筒种植竹子。这样形成的郁郁葱葱的绿色表皮不仅可以遮挡强烈的热带阳光，调节室内温度，也为居住在城市高层住宅中的人们提供一个靠近自然的环境，同时还为传统单调的住宅建筑表面增加了一道绿色遮阳幕墙，而连续波浪状的绿色幕墙使高层住宅与热带城市景观完全融合到了一起。

建筑按照美国LEED标准进行设计，因此，此项目不仅为城市增添了绿意，还为居住者提供了舒适的居住环境。对于这座位于市中心高密度区的建筑，它将成为胡志明市的绿色地标，同时还从环境可持续性的角度改变了人们对传统高层住宅建筑的认识。

内景一

内景二

# House for Trees
# 树之家

建筑性质：居住建筑

建筑设计：武重义建筑师事务所

建筑地点：越南，胡志明市

总建筑面积：226 $m^2$

建筑时间：2014 年

主要绿色技术：屋顶种植技术

图片来源：www.archdaily.com

外观一

项目位于城市中心地带一块闲置的不规则用地内，仅能步行进出。建筑师武重义采用 5 个独立的混凝土方盒子作为环境适应的手段，同时在各个屋顶和庭院种植树木以增强居民与大自然的联系，并配合胡志明市的城市绿化提升计划。

5 个高低、大小不一的长方体盒子形建筑沿不规则的场地外围边线布置，除在中央围合成一个院落外，还创造出了另外几个小的相互联系的庭园，这些庭园由外到内具有不同的开放程度。

外观二

外观三

内景图

外观四

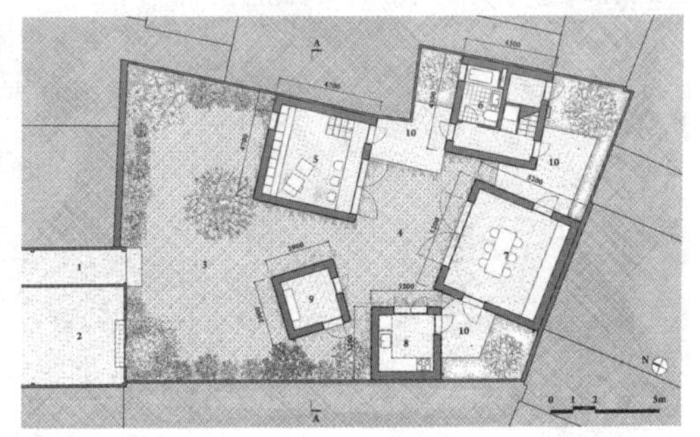

一层平面图

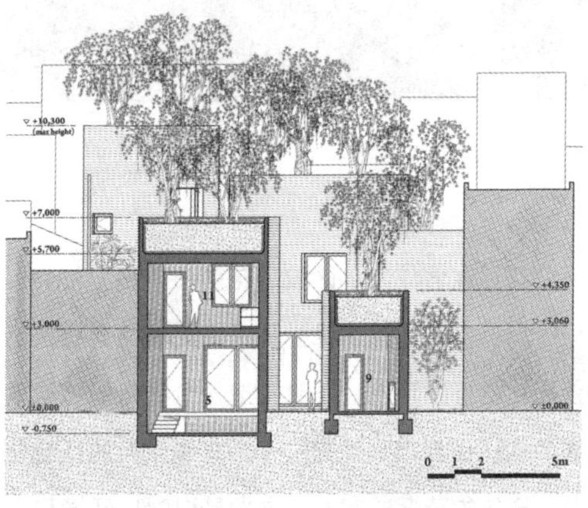

剖面图

大部分盒子为两层，餐厅、厨房和工作间等公共区域都位于一层，而上部楼层则作为卧室及浴室等居住功能。

盒子外墙都是由钢筋混凝土构成，墙上留有竹模板的横向半圆形纹理构成了建筑光影变化的表皮和独特的形象特质，盒子内部则采用当地的清水砖墙。屋顶覆土厚约 1.3 m，种植的树木把庭院和建筑完全覆盖，为庭院及建筑创造了阴凉、舒适的环境，同时灵活、开敞的布局也使住宅有充足的光照和通风，并塑造了空间的丰富性和隐私性，还使建筑在周围环境中变得独特而有趣。项目获得了 2014 年世界建筑节建成建筑大类住宅子项奖。

# Hua Lian Residences
# 花莲度假住宅小区

建筑性质：居住建筑

建筑设计：BIG 建筑师事务所

建筑地点：中国台湾，花莲

建筑面积：120000 m$^2$

建筑时间：2009 年设计完成

主要绿色技术：立体种植技术、自然通风技术

图片来源：http://www.wtoutiao.com/p/155beHV.html

外观一

花莲度假住宅小区位于花莲市以南 5 km 处，用地曾经是工厂区域。本项目旨在保护和提高周围的自然之美，力图保留并改善周边的自然环境，同时打造一个密集的邻里度假屋社区，为未来的居民在都市之外提供一个充满活力的社会化生活。

BIG 的花莲住宅设计方案是以呼应环境和立体绿化作为整体

外观二

的设计语言，连绵起伏的“条带形”建筑群体形成了丰富的空间层次，并对周围自然的山川地形有充分回应。

建筑以一个高效布局和合理循环的居住单元为脊骨，并进行形式上的不断变化，形成多重起伏的屋顶，围合成社区公共空间，并呈现出具有独特风格的山丘、山谷和峡谷建筑形态。建筑被打破分解成细长的被绿色植被覆盖的带形体块组合，这种前后错动的带形体块，同时也成为最佳的遮阳系统，以缓解当地炎热、潮湿气候影响。东西向的带状山形建筑可以轻松抵挡早、晚的低角度、高眩目阳光，并创造凉爽舒适的步行环境，而多层交错的处理也有利于光线进入居住单元内部。屋顶及墙身绿化进一步减少热量吸收，增加了使用阳台及露台的舒适度，降低了制冷能耗。建筑之间的人行峡谷和小路，则构成了复杂多样化的环绕式道路系统，也使行走和运动更具有趣味性。

花莲度假住宅小区是在城市开发还没有损耗其自然生态品质的乡村进行的一次务实的乌托邦式尝试。项目获得了 2014 年的 MIPIM 奖。

外部环境

样板房外景

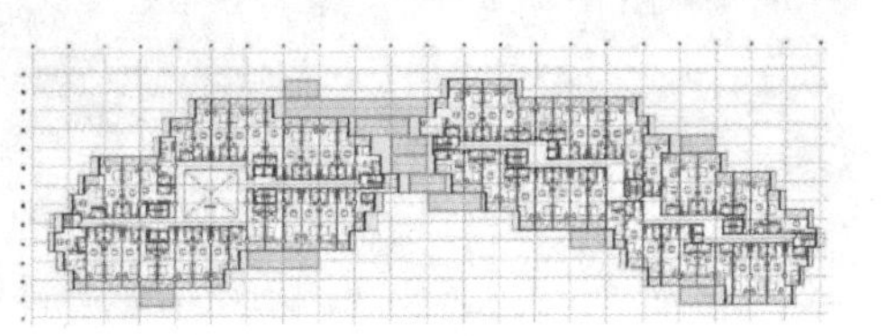

平面图

外观三

外观四

外观五

样板房局部

样板房内景一

样板房内景二

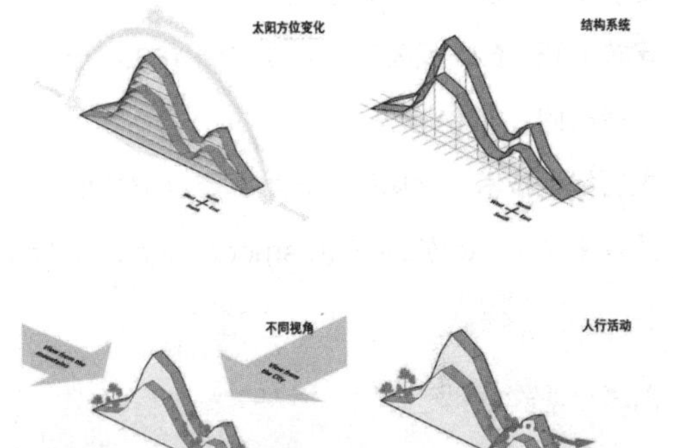


结构及交通分析

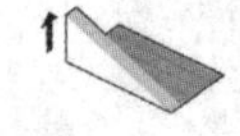

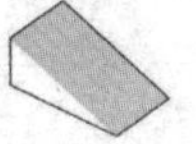

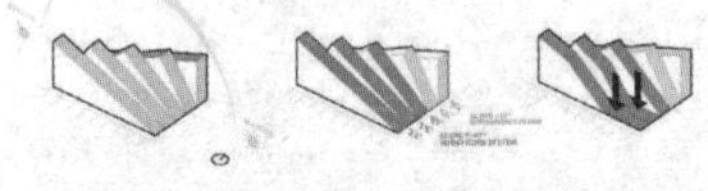

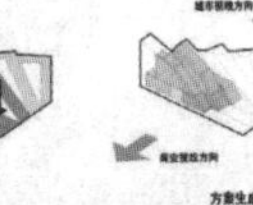

样板房形体生成分析

外观六

# One Central Park
# 垂直花园大厦

建筑性质：居住建筑

建筑设计：让·努继尔工作室

建筑地点：澳大利亚，悉尼

建筑面积：624 间公寓，商业空间 16000 $m^2$

完成时间：2014 年

主要绿色技术：立体绿化技术、定日镜技术

图片来源：http://www.treemode.com/case/fast/417.html

外观一

垂直花园大厦由 34 层和 16 层的两栋塔式居住建筑（分别为 117 m 与 64.5 m 高）组成，通过休闲平台相连，低层为购物中心、银行、餐厅和大型超市，高层为办公。项目创新性地采用自然元素和重新导向阳光并以新方式利用的概念，达到提高都市高层建筑生活质量的目的。

垂直花园大厦的特色之一在于其悬臂结构和定日镜系统。悬臂结构从建筑东楼 29 层向外延伸形成空中花园，其下部则悬挂

外观二

外观三

可以反射光线的定日镜系统，这是当时在都市环境中所使用的世界上最大的定日镜。定日镜追踪光线并反射到大楼的大部分区域以及公园绿地上，使阳光洒满整个建筑。

垂直花园大厦的另一特色是塔楼外表皮上大量采用无水灌溉系统的立体绿化设计，这也是当时世界上最大的立体绿化建筑表皮。绿化系统由 190 种澳洲本土植物和 160 种外来引进植物组成，覆盖面积为 1100 $m^2$。无土的垂直绿化从底部一直延伸到大楼顶部，所形成的绿色表面吸收 $CO_2$，释放 $O_2$ 并提供良好的遮阳和自然景观。建筑南立面为一系列横向种植带和竖向种植园构成的立体绿化表面，每层下垂的藤蔓和绿叶，为建筑表面塑造了千变万化的外观。竖向花园对应到平面上为每个公寓的阳台，为住户提供了自己种植的可能性，在立面上则随意布置，如游戏拼图。在北、东、西三面，绿植以连续的绿带形式出现，多层横向的绿色种植带和攀爬的藤蔓和绿叶，形成面纱般效果。其绿化和遮阳效果不仅具有节能、降温作用，同时全面的立体绿化还使建筑变成了一个绿色的巨型雕塑，并和一旁的中央公园构成绿意盎然的视觉整体。

项目获得 CTBUH 的 2014 年度全球最佳高层建筑大奖和澳大利亚绿星评价体系 5 星级认证。

外观四

外观五

# Prophet's Holy Mosque Convertible Umbrellas
# 礼拜广场活动伞

建筑性质：公共建筑

建筑设计：穆罕默德·博多·郎士

建筑地点：沙特阿拉伯，麦地那

单体尺寸：17m × 18m × 14m

建成时间：1992 年（第一期），2011 年（第二期）

主要绿色技术：动态遮阳系统

图片来源：http://cn.bing.com/images/search?q=Prophet%27s+Holy+Mosque+Convertible+Umbrellas&FORM=HDRSC2

外观一

麦地那清真寺的内部广场，每天成千上万的信徒聚集在此礼拜。干热的气候使业主要求设计师为清真寺修建一个可以在打开和闭合间转换的遮阳结构，必须在不破坏已有环境的基础上，改善清真寺的气候条件。

郎士在 1992 年为清真寺提出的解决措施为建造若干个 17 m×18 m 的折叠太阳伞，14 m 的结构高度与庭院完美衔接。

外观二

6 个折叠太阳伞和漏斗形膜创建的阴影空间，围绕拱廊散布在中庭之间，并产生了很大的自由空间。伞的形式通过精心设计与传统建筑形式和谐搭配。

在极端天气下，通过使用这个遮阳结构，可以改善建筑内气候并减少能源消耗。在夏日，白天大部分的太阳辐射热会被打开的伞面反射到外面。晚上，建筑物表面的热量又会不受阻碍地辐射到夜晚的天空中。而到冬季，太阳伞在白天关闭，以方便温和的冬日阳光照射到整座建筑表面和人群。太阳伞的开启和关闭依靠计算机控制，计算机根据太阳的位置、季节和天气条件、室外温度、风和云来控制伞的状态。为了使中庭的气候条件更舒适，当夏季阴影下的中庭气温超过 45℃ 时，阳伞上的空调系统就会启动。空气出口位于伞的周边，以便使整个广场均匀冷却。下雨时，落在膜上的雨水，则通过内排水的方式进入地下。

外观三

外观四

内景一

内景二

内景三

**参考文献：**

[1] 罗伯特·克罗恩伯格. 可适性建筑：回应变化的建筑 [M]. 朱蓉，译. 武汉：华中科技大学出版社，2012.

[2] 吕爱民. 应变建筑——大陆性气候的生态策略 [M]. 上海：同济大学出版社，2003.

[3] 珍妮·洛弗尔. 建筑表皮设计要点指南 [M]. 李宛，译. 南京：江苏科学技术出版社，2014.

[4] Robert Kronenburg，Architecture in Motion：The history and development of portable building[M].Britain；Taylor & Francis Ltd.2013.

[5] Zuk,W., & Clark, R. H.. Kinetic architecture [M]. New York: Van Nostrand Reinhold.1970.

[6] Russell Fortmeyer. Kinetic Architecture: Designs for Active Envelopes[M]. Images Publishing DistAc,2014.

[7] Michael Fox. Interactive Architecture: Adaptive World [M]. America：Princeton Architectural Press.2016.

[8] Robert Kronenburg. Portable Architecture: Design and Technology [M]. Basel: Birkhauser Verlag, 2008.

[9] Larissa Acharya. Flexible Architecture for the Dynamic Societies [D]. Norway： University of Tromsø,2013.

[10] Soha Mohamed Abd El-Hady Fouad. Design Methodology:Kinetic Architecture [D]. Egypt：Alexandria University,2012.

[11] Fox . Interactive Architecture[M]. New York, Princeton Architecture,2009.

[12] Archer, David & Rahmstorf, Stefan, The Climate Crisis - an introductory Guide to Climate Change[M]. Cambridge University Press, 2010.

[13] Bahamon, Alejandro (ed.), PreFab - adaptable, Modular, Dismountable, Light, Mobile Architecture[M]. Loft Publications S.L. and HBI, an imprint of Harper Collins Publishers, New York, 2002

[14] Hawarny. Adaptability, Structural Expression,Tectonic Condition[D]. Masters of Architecture, University of Detroit Mercy,2008.

[15] Stang. The Green House: New Directions In Sustainable Architecture[M]. New York, Princeton Architectural Press,2005.

[16] Zeisser. NeoArchitecture - 24H Architecture[M]. Victoria, The Images Publishing Group Pty Ltd,2007.

[17] Oosterhuis, K. Hyperbody: First Decade of Interactive Architecture[M]. Heijningen: Jap Sam Books，2012.

[18] Ferdinand Ludwig. Botanische Grundlagen der Baubotanik und deren Anwendung im Entwurf[D]. Universität Stuttgart,2012.

[19] Siegal Jennifer. Mobile: The Art of Portable Architecture[M]. New York, Princeton Architectural Press,2002.

[20] Schwartz-Clauss, Mathias. Living in Motion:Design and Architecture for Flexible welling [M]. Vitra Design Museum, Weil and Rhein, 2002.

# 后记

本系列书籍的选题、出版是很偶然的事情，缘于一次和赵继龙教授的闲聊。由于大家都在做和绿色建筑相关的研究，接触了很多相关案例，其中不少案例很有特色和创意，但又不是目前的主流做法，所以就萌生分类结集出版的意愿，以给建筑师和相关研究者提供另外一个观察绿色建筑的视角。

本书以动态建筑作为选题，是因为这种类型的建筑颠覆了传统固定式的处理方法，具有灵活、适应、变化的特性，更能满足使用者、社会需求和可持续发展的要求，而且新颖有趣，所以，应该会成为今后的发展方向之一。而在具体内容的构成上，动态建筑的关键是“动”，因此需要把“动”的概念、“动”的目的、“动”的发展过程、“动”的类型、“动”的方式、“动”的价值说清楚。虽然书中的文字量并不太大，但尽量希望通过简短的文字把每个案例的核心表达出来。另外在案例选择上尽量注重时效性和全面性，即使部分案例读者已耳熟能详，但在文字内容或图片方面则尽量避免和已有书籍简单重复。

虽然作者著的是一本小书，但也花费不少时间精力。从案例的选择、分类，到具体的图片收集和文字翻译，再到整体的出版，都需要尽心尽力完成。这就需要一些研究生做些辅助工作，王慧、孙哲轩、朱华、满雯佳等同学在案例材料收集和文字的翻译整理方面付出了很多辛勤劳动。但毕竟著者的能力、水平有限，加上时间原因，书籍在系统性、全面性及理论性上还有一些欠缺，希望能得到读者谅解。

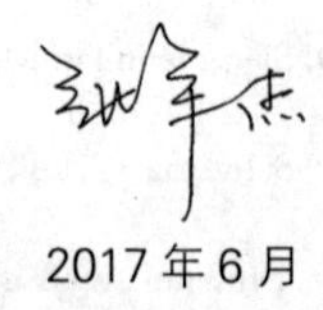

2017 年 6 月